U0167334

大型调水工程供水成本核算与分摊研究

刘阳　曹升乐　孙秀玲　于翠松　许文杰　著

中国水利水电出版社
www.waterpub.com.cn
·北京·

内 容 提 要

　　本书系统介绍了调水工程供水成本核算与分摊的理论与方法。针对泵站能耗、资金构成和工程运行模式等调水工程建设运行的不同特点，提出供水成本费用的细化核算及修正方法；从平均供水成本沿程变化和成本平衡等角度，提出基于供水成本与供水量沿程变化的单方水供水成本的分摊方法；结合实际研究对象，分别给出了应用实例。

　　本书在兼顾"谁受益，谁分摊"的基础上，更加注重上下游之间供水成本分摊的合理性与公平性，为调水工程的水价制定提供合理依据，为保障调水工程的良性运行提供前提条件和重要保障。

　　本书可供调水工程水价研究者、高等院校相关专业师生参考。

图书在版编目（ＣＩＰ）数据

大型调水工程供水成本核算与分摊研究 ／ 刘阳等著
. -- 北京 ：中国水利水电出版社，2021.6
ISBN 978-7-5170-9570-5

Ⅰ．①大… Ⅱ．①刘… Ⅲ．①调水工程－成本计算－
研究 Ⅳ．①TV68

中国版本图书馆CIP数据核字(2021) 第080801号

书　　名	**大型调水工程供水成本核算与分摊研究** DAXING DIAOSHUI GONGCHENG GONGSHUI CHENGBEN HESUAN YU FENTAN YANJIU	
作　　者	刘阳　曹升乐　孙秀玲　于翠松　许文杰　著	
出版发行	中国水利水电出版社 （北京市海淀区玉渊潭南路1号D座　100038） 网址：www.waterpub.com.cn E-mail：sales@waterpub.com.cn 电话：(010) 68367658（营销中心）	
经　　售	北京科水图书销售中心（零售） 电话：(010) 88383994、63202643、68545874 全国各地新华书店和相关出版物销售网点	
排　　版	中国水利水电出版社微机排版中心	
印　　刷	清淞永业（天津）印刷有限公司	
规　　格	184mm×260mm　16开本　8印张　195千字	
版　　次	2021年6月第1版　2021年6月第1次印刷	
印　　数	0001—2000册	
定　　价	**68.00元**	

前　言

　　水资源是社会经济发展的必须要素，也是具有公益性质的商品。在社会活动中，对水资源的调配往往通过修建工程设施来实现，包括修建水库、拦河闸坝以及调水工程。调水工程作为解决水资源时空分布不均的一种调配手段，已经得到了越来越多的应用。合理的水价是保证调水工程良性运行的关键。然而，调水工程水价制定模式复杂，至今尚未形成一个完整而又科学的水价制定理论。调水工程供水成本的核算与分摊是水价制定的核心，因此，厘清大型调水工程供水成本的构成，制定科学合理的核算与分摊方法，是合理制定水价的前提条件和重要保障，对保证工程的良性运营具有十分重要的意义。

　　本书从大型调水工程的投资成本和供水量入手，在分析现有分摊公式的基础上，从理论推导和实例应用两方面分析了存在的问题，给出了单方水供水成本的计算理论与公式，填补了大型调水工程供水成本核算与分摊的理论方法，为不同类型的调水工程健康运行提供了理论支撑。本书共14章，第1章至第3章为概述篇，主要介绍了研究背景与意义，调水工程成本核算与分摊的国内外研究进展以及类似行业的定价模式；第4章至第7章为理论篇，介绍了大型调水工程供水成本核算及分摊的思路与方法，包括分析现有分摊方法存在的问题，提出新的供水成本细化核算方法和基于供水成本与供水量沿程变化的成本分摊方法；第8章至第12章为实例应用篇，通过在研究区（路线）的实例应用，对比分析了现有方法和本书提出方法计算得到的单方水供水成本；第13章和第14章为结论篇，讨论了现有方法与本书方法计算单方水供水成本出现差异性的原因以及两种方法的适用性，对本书进行了总结，并给出了相关建议。

　　对书稿撰写过程中参考的相关单位与个人的文章、书籍、报告等文献与资料，在此一并表示深深的谢意！

　　由于作者水平有限，书中难免存在错误与不当之处，敬请广大读者批评指正！

作者

2020 年 10 月

目　　录

第1篇 概　述　篇

第1章　绪　论

1.1　研究背景

我国水资源时空分布不均，且与人口和经济发展的空间分布不相匹配。经济社会的迅猛发展与这种不匹配导致了我国部分地区水资源过度开发，引发了水资源短缺、生态退化和地面沉降等一系列问题，是我国可持续发展的主要瓶颈[1]。为打破这种资源与发展不匹配的格局，我国实施了各种供水方案，如跨流域调水、海水淡化、雨水收集、再生水循环等，以调整国内的水资源分配[2-6]，从而支撑受水区的经济社会发展。

近年来，我国水利工程快速发展，规划实施了多项大型引（调）水工程[7]，这些工程缓解了区域之间的水资源分配不均，为工程沿线的生态保护、经济发展和社会稳定提供了有力支撑[8-9]。我国水利工程建设已经突破了多项瓶颈，其建设规模和建设速度都得到了广泛认可。然而，我国水利工程历来存在"重建设，轻管理"的现象[10]，很多水利工程在建成后不能发挥预期的效果。虽然，我国已经认识到水资源管理问题的严重性，但由于起步较晚，在很多方面还没有形成完善的体系，其中就包括引（调）水工程的水价制定问题。引（调）水工程的水价不仅关系到工程运行期间沿线省市购买外调水的积极性，同时也关系到工程的运行和维护。由于我国的国情，调水工程是一项具有公益性质的水资源配置工程，其水价的制定不仅涉及水市场的运营，也涉及政府对沿线上下游地区水市场的调控。这是一项复杂的、具有多方博弈性质的工作，尤其对于大型调水工程，其水价制定模式复杂，至今尚未形成一套完整而又科学的水价制定理论体系[11-12]。而调水工程水价制定的核心和关键是各段供水成本的核算与分摊[13]，因此，从供水成本入手，对大型调水工程的供水成本进行系统核算与科学分摊，是制定合理水价的基础和客观依据。

1.2　研究意义

大型调水工程是缓解受水区水资源供需矛盾、促进经济社会可持续发展和改善生态环境的一种重要手段。厘清大型调水工程各段供水成本的构成，制定科学合理的核算与分摊方法，是合理制定水价的前提条件和重要保障，对保证工程的良性运营具有十分重要的意义。

（1）丰富并发展了调水工程供水成本的核算与分摊的理论体系。从大型调水工程的投资和供水量入手，在分析现有分摊公式的基础上，通过数学推导和实例应用两个方面分析了存在的问题，厘清了各段单方水供水成本与全线平均供水成本的关系，改进了供水成本的分摊方法，可为调水工程提供合适的分摊算法。

（2）为调水工程的水价制定提供基础和客观依据。供水成本的核算与分摊是水价制定的客观依据，尤其对具有非线性、系统性和复杂性的大型跨流域调水工程来说，合理的供水成本分摊策略更具指导性。进一步来说，这对促进各受水区的购水意愿，实现调水工程目标，发挥调水工程效益具有十分重要的意义。

1.3 研究内容

考虑到大型调水工程的特点，主体与配套工程建设的进度及受水区对水价的接受与承受能力，对大型调水工程供水成本核算与分摊的研究往往是一个较长期的工作，可以分阶段实施。本书主要针对主体工程干线供水成本的核算与分摊进行研究。研究内容初步拟定为三大部分。

（1）大型调水工程供水成本（水价）计算方法及类似行业定价模式研究。研究内容包括目前供水工程水价计算方法研究和类似行业（交通、铁路、电力、石油、电信等）定价模式研究。

（2）大型调水工程供水成本核算方法研究及成本核算。研究内容包括供水成本费用核算方法研究、单方水供水成本核算方法研究和调水工程分段供水成本核算。

（3）大型调水工程供水成本分摊研究。研究内容包括对现有分摊方法进行研究，分析存在问题；针对存在问题，提出新的分摊计算思路和方法；对比现有分摊方法和新的分摊方法，说明各自适用条件，并对新方法结果的合理性进行验证。

1.4 研究方法

调水工程供水成本的核算与分摊是一项系统性工程，需要对工程沿线的取水口统筹考虑。在收集调水工程建设、运行、管理等方面基本资料的基础上，对调水工程及相关配套工程有关水价方面的研究理论、方法、成果进行系统总结、消化与吸收。本书主要应用对比分析和系统分析的方法，从水资源管理的角度进行分析。

（1）结合现有的调水工程，分析各自供水成本核算与分摊方法的优劣。同时，对交通、电力、石油、电信、铁路等相关行业的定价模式进行研究，归纳总结基础产业定价的特点。

（2）针对不同调水工程的资金构成和运行特点，采取细化分类的思路，对供水工程的总成本费用进行细化核算，并针对更一般的情况提出修正计算的方法。

（3）根据单方水成本的计算方法，结合现有分摊原则和分摊方法，通过考虑能耗、资金构成、工程运行模式等特点，提出大型跨流域调水工程供水成本分摊计算方法，为不同类型的调水工程提供多种可能方案。

具体研究路线如图 1.1 所示。

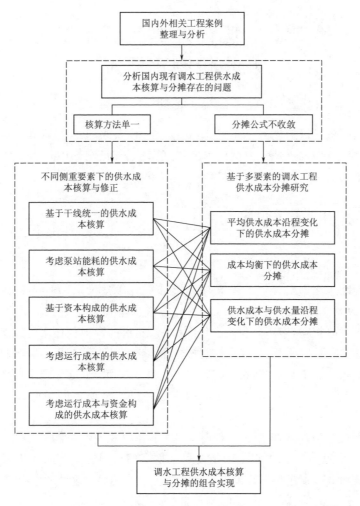

图 1.1 研究路线图

第 2 章　国内外典型调水工程及水价制定概况

调水工程的历史可以追溯到公元前 2400 年，古埃及兴建了世界第一条跨流域调水工程，引尼罗河水灌溉沿线土地。大型调水工程兴起于 20 世纪 50 年代，目前已有 24 个国家和地区兴建了 160 多项跨流域调水工程[14]。

2.1　国内外典型调水工程概况

2.1.1　国外典型调水工程概况

（1）以色列北水南调工程：工程于 1953 年正式开工建设，1964 年建成投入运行，前后历时 11 年，投资 1.47 亿美元，将以色列北方较为丰富的水资源输送到干旱缺水的南方。工程经过多次改扩建，至 20 世纪 80 年代末，北水南调工程输水管线南北已延长到约 300km，沿途设多座泵站加压，并吸纳全国主要地表水和地下水源[15]。

（2）印度萨尔达—萨哈亚克调水工程：工程建于 20 世纪 70 年代中后期，从尼泊尔境内喜马拉雅山南麓的卡克拉河和萨尔达河取水送到恒西平原，供水渠长 260km，设计流量 650m^3/s[16]。

（3）澳大利亚雪山调水工程：工程于 1949 年开始建设，1974 年投入运行，历时 25 年，总投资近 10 亿美元。该工程位于澳大利亚东南部，调雪山河水入墨累河和图穆特河流域，沿途具有灌溉、城市供水、发电等多项功能。工程配套建设的水库库容达 85 亿 m^3，明渠 80km，输水隧洞 145km，年实际调水量超 30 亿 m^3[17-18]。

（4）美国中央河谷工程与加州调水工程：中央河谷工程于 1937 年开工建设，1940 年首次通水，1982 年基本完工。工程配套建设 20 座水库、15 座泵站、11 座水电站以及 8 条输水引水渠道，计划年调水 90 亿 m^3。加州调水工程与中央河谷工程相辅相成，完善了美国南部地区的水资源配置格局。加州调水工程于 1959 年开工，1973 年基本完成建设，工程总投资 50 亿美元，供水系统由 32 座水库、18 座泵站、9 座水电站、1065km 长的水渠和管道组成，年调水量 52.3 亿 m^3[18-19]。

2.1.2　国内典型调水工程概况

（1）引滦入津工程：引滦入津工程跨河北省和天津市，是一项自滦河引水向天津市跨流域调水的工程。引滦工程的水量调度采用按水利年度计划调度的供水方式，分为枯水期和汛期调度两部分。枯水期为当年 10 月到翌年 6 月，每年 9 月由天津市根据本区各水库和河道的蓄水情况提出本水利年度的引水计划，报水利部海河水利委员会引滦工程管理局（简称引滦局），由引滦局核准并安排实施[20]。

（2）引黄济青工程：引黄济青工程是为青岛市提供原水的大型跨流域调水工程。工程自 1986 年动工，1989 年正式向青岛市供水。工程初期设计全长为 290km，截至目前已向青岛地区累计供水超过 20 亿 m^3，该工程年供水量约占青岛市全年城市供水总量的 40% 左右[21]。

（3）南水北调工程：南水北调工程是世界上规模最大的跨流域调水工程，于 2002 年开始动工。工程分为三条路线：东线工程从江苏江都水利枢纽引水，调水路线涉及江苏、安徽、山东、河北和天津等省（直辖市），经东平湖后，分水两路：一路向北穿黄河后自流到天津（输水干线长约 1156km），另一路向东经新辟的胶东地区输水干线接引黄济青渠道，向胶东地区供水；中线工程从丹江口水库引水，途经河南、河北和北京等省（直辖市），总干渠长 1432km，年均调水量 95 亿 m^3；西线仍处于规划阶段。目前，东线和中线工程都已完工，东线工程于 2013 年底正式通水，中线工程于 2014 年底正式通水[22]。

除此之外，我国还修建了甘肃引大入秦、山西引黄入晋、辽宁引碧入连等多处调水工程，这些调水工程对缓解当地水资源紧缺局面、促进经济社会可持续发展发挥了重要作用。

2.2 典型调水工程水价制定概况

2.2.1 国外典型调水工程的水价制定

（1）以色列的北水南调工程的供水管道与各地区的供水管网相连通，形成全国统一调配的供水系统。该工程实行统一水价，政府为了鼓励全民性节水，实行累进制水价[15]。

（2）印度的萨尔达—萨哈亚克调水工程实行政府行政管理的事业体制，总管理机构为北方联邦灌溉管理局，并在枢纽工程和重要建筑物处设管理处。水费由地方政府征收，工程管理、运行和维修费用由政府拨付[16]。

（3）澳大利亚的水价由政府宏观调控，具体水价由州政府设定，并由地方评议会或水务局对水资源进行分配和结算。澳大利亚雪山调水工程由雪山水利有限公司在联邦政府的监督指导下经营和管理，通过提供水商品服务自主经营，自负盈亏，并通过市场融资获得自身发展，用水消费者协会参与水管理，包括参与水价制定的全过程[17-18]。

（4）美国的水价制定方法较多，但普遍采用的是服务成本定价法，一般按照单个工程定价，同时考虑用户的承受能力。常用的水价结构有[18-19]：①固定费率水价结构：不管用水量多少，用户都支付等量水费，适用于用户用水量大致相当的小型供水系统，但这种水价结构不能激励用户节约用水；②统一费率水价结构：与固定费率水价结构类似，但它是基于用户用水量并要求安装水表。不管用户用水量多少，对每单位用水按统一费率征收水费，尤其适用于用户用水模式类似的供水系统；③递增式阶梯水价结构：随着用水量的增加提高单位水价，由一系列的价格阶梯组成；④季节性水价结构：用水模式随季节而变化，单位水价也随之改变，一般情况下夏季水价较冬季水价高；⑤单一水价结构：有些大型水务企业可以为其所有用户制定一个单一水价（或水价结构），将成本分摊到所有用户，这种方法对大型供水系统尤其适用，可以使水费比较稳定且用户能够负担得起。

2.2.2　国内典型调水工程的水价制定

（1）引滦工程的水源价格，即引滦枢纽工程供水价格，实行国家统一定价。天津引滦工程受水区水利工程供水价格根据用水户不同区别而定，对同一用户不分新旧水源只执行一个价格，计价方式为单一水价[20]。

（2）引黄济青工程供水实施了两部制水价：引黄济青工程供青岛市用水，年基本水费为 7598.5 万元，用水量在 9000 万 m³ 以内，计量水价为 0.685 元/m³，年用水量超出 9000 万 m³ 的部分价格为 0.776 元/m³。当地其他水利工程供水价格基本实施单一水价。引黄济青工程也存在实际用水量低于设计引水量问题，未能完全达到引黄济青工程供水目标[22]。其原因是多方面的，水价是重要的因素之一。

国内调水工程的水价多数实行不同类型用户不同水价、同类型用户水价相同的制定原则。但截至目前，还没有形成一套较为完善的、得到大家公认的供水价格制定办法。

总之，由于经济水平和水资源条件的差异，各国的水利工程供水水价制定和水利工程管理体制不尽相同。但以色列北水南调工程的水价制定方法、印度萨尔达—萨哈亚克调水工程的管理模式值得我们借鉴。

第3章 供水成本分摊以及国内类似
行业定价模式概况

3.1 供水成本核算与分摊研究概况

水利工程供水是连接政府、供水单位、消费者三者的重要纽带，供水成本的核算与分摊是水利工程定价的核心与基础要素，关系到水价制定的公平性与合理性。目前，关于水利工程供水成本核算和分摊的单独研究较少，大多都将供水成本直接融入到水价的测算和制定中。常用的成本分摊方法主要有一次性分摊法、可分离费用—剩余效益法（二次分摊法）、基于对策论的投资分摊方法等[23]。

国内最早关于水利工程供水成本核算与分摊的依据来源于《水利建设项目经济评价规范》(SL 72—94)[24]，该规范对综合利用水利建设项目费用分摊进行了阐述。随后，国家发展和改革委员会与水利部联合制定了《水利工程供水价格管理办法》(自2004年1月1日起施行)[25]，其中规定了供水成本核算的构成以及分摊方法。这两项规范中工程投资（供水成本）核算与分摊的核心是一次性分摊，即按照工程的某个可量化指标，如水量、距离、效益等将投资按比例一次性分摊给各受益部门，常用的方法主要有实际水量分摊法、折算水量分摊法、效益水量分摊法、水量与距离相结合方法、逐段分摊法。目前，我国跨流域调水工程成本分摊的计算主要应用一次性分摊法，较少有研究应用可分离费用—剩余效益法（二次分摊法）。由于我国目前的国情，政府在水市场中既是参与者、建设者，也是管理者和监督者，导致基于对策论的分摊方法在我国难以实行。

国外对水利工程投资分摊的研究，起源于1935年美国对田纳西流域的综合开发，其基本思路也是基于人口比例或需水量比例的传统方法（一次性分摊法）[26]。随着各种综合性水利工程的开发利用，利益相关者对投资分摊的冲突越来越激烈，从而促使了一些学者对投资分摊的研究，提出了不同的定量或者定性方法来解决水资源管理中的冲突问题。Driessen和Tijs等提出了可分离费用—剩余效益法（Separable Cost - Remaining Benefits method，SCRB)[26]。Thiessen等提出了交互式计算机辅助谈判支持系统（Interactive Computer - Assisted Negotiation Support system，ICANS）。试图通过信息存储并优化迭代的方式找出参与各方都认同的定价方案[27]。Madani等通过非合作性水资源博弈，考虑了水资源博弈过程中的动态结构并构建了博弈演化的路径，为工程的利益相关者提供动态信息，找到各方认同的分摊策略[28]。由于国外水市场成熟度较高，在水资源管理方面更具经验，因此，国外的成本分摊并不局限于跨流域调水工程，在一些综合性、涉及多方利益的水利工程中均有体现，这加速了国外对成本分摊研究的进展。

综上，国内对于水利工程成本分摊的研究起步较晚，现有研究多处于一次性分摊阶段，不利于制定合理的分摊策略。国外的分摊研究经历了从一次性分摊到二次分摊再到基于所有利益相关者的分摊策略研究，其考虑因素更多，制定的分摊策略相对更加公平。然而，结合我国国情，国外的一些方法显然不适用于我国水利工程成本分摊策略的制定，这就需要在我国现有分摊研究基础上，探究适于我国的多要素分摊方法。

3.2 国内类似行业的定价模式概况

水资源是一种资源型公用产品，对水资源的再次分配，如跨流域调水等，属于对公用产品的服务行为，其定价方式可以参考类似行业的定价模式。这类公用产品及其服务行为具有以下特征[30]：

（1）外部性。公用事业产品对社会的延存起着基石的作用，其他行业的发展也会反哺公用事业，从而产生积极性特别强的正的外部性。

（2）自然垄断性和地域垄断性。由于自然环境的隔绝，各地区之间的环境、气候、资源、需求、技术手段等有所差别，许多经济活动的开展需要克服自然条件的限制。

（3）营利与公益的双重性。公用事业提供的产品是介于公共产品和私人产品之间的准公共产品，具有显著的公益性，同时城市公用事业广泛采用特许经营的模式，即公益性的政府垄断成了盈利性的企业垄断，因此就不可避免地出现公用事业的公益与营利的矛盾。因此，需要根据这些特点，同时参考类似行业的定价模式，为调水工程的定价以及成本分摊提供借鉴。

1. 电力

我国电价管理的原则是实行统一政策、统一定价、分级管理。考虑到上网电价的特殊性，原则是上网电价实行同网同质同价。

城市一般距离发电厂近，供电相对集中，用电人数多，线损和变损相对较小，建设成本、运行成本相对均较低。而农村居住较分散，供电线路长，用电人数又少，线损和变损明显增大，特别是对于偏远的农村地区而言，建设成本特别高（个别村庄需要架设专用线路），运行中的电量消耗也特别大。但电力系统实行的是"同网同价"，农村和城市同价，不因建设成本高、损耗大而增加供电价格。在全国范围，东北地区电价相对较低，但东北地区电网的建设成本、运行成本相对较高。

电力作为人们生活的必需品，应满足人民生活的需要，保障社会的和谐发展。经济发达地区与经济欠发达地区应区别对待，对于欠发达地区政府应给予必要的补贴。

2. 电信

电信费用城乡一致，不因地域偏远或建网等工程费的高低而有差异，对于农村偏远地区甚至还有一些优惠政策。

3. 公路

高速公路收费基本都是按车型规定收费标准，再按使用距离收取总使用费。以江苏、山东、沪宁高速为例，车辆通行费征收标准见表3.1和表3.2。

表 3.1 江苏、山东现行车辆通行费率

类 别	车 型 及 规 格		收费系数	收费费率/(元/km)	
	客车	货车		江苏省	山东省
第一类	≤7座		1.000	0.450	0.40
		≤2t	1.000	0.675	0.40
第二类	8~19座		1.250	0.675	0.50
		2~5t（含5t）	1.800	0.900	0.72
第三类	20~39座		1.500	0.900	0.60
		5~10t（含10t）	2.500	1.125	1.00
第四类	≥40座		1.875	0.900	0.75
		10~15t（含15t）	3.000	1.350	1.20
		20ft集装箱车			
第五类		>15t	3.500	1.575	1.40
		40ft集装箱车			

表 3.2 沪宁高速公路车辆通行费征收标准

车 辆 种 类	收费标准/[元/(车·km)]
6座以下小型客车（包括6座）	0.4
中型客车6座至20座（含20座）、小型货车2t以下（包括2t）	0.6
大型客车20座至50座（包括50座）、中型货车2t至5t（含5t）	0.8
大型客车50座以上、重型货车5t至10t（包括10t）	1.0
重型货车10t至20t（包括20t）	1.2
特型货车（20t以上）	1.6

4. 铁路

青藏铁路东起青海西宁，西至拉萨，全长1956km，建设难度之大、建设成本之高为世人皆知。尽管如此，该区段的旅客票价与其他线路同距离情况相当，而且部分路段的票价更为便宜。

在现实生活中，水、电、路、通信实际上是政府提供的公共用品，其运营的目的是为民服务。为提高向社会提供公共用品的效率，这些应由国家统一管理和调控，以避免风险和恶性竞争。在电力、供水、通信等民用战略产业方面，国家应进行控制。以供水为例，如果人们饮水、灌溉农田价格很高或者价格不合理，势必会造成社会的不公平，甚至造成社会混乱。因此，国家应统一管理水资源，统一确定水价格，保证人民的基本用水需求，这样才能保障人民生活水平的不断提高。

从上述电、路、通信的价格制定原则可看出，我国对公共基础设施的定价策略有以下几点需要考虑：①同网同价；②充分体现对偏远地区或弱势群体的照顾；③价格与建设成本高低并不直接挂钩。

第2篇 理 论 篇

第4章 供水总成本费用构成及核算

4.1 总成本费用构成要素及核算方法

4.1.1 总成本费用构成要素

大型调水工程供水总成本费用包括新增工程的成本费用（扣除专门为排涝增加项目的成本费用）和原有工程中为增加供水量服务的成本费用两部分。总成本费用项目包括：水资源费、固定资产折旧费、贷款年利息净支出、工程维护费、管理人员工资福利费、工程管理费、抽水电费和其他费用等。

4.1.2 总成本费用构成要素的核算方法

对于各工程供水成本费用项目及核算办法，参见参考文献［30］和《关于印送南水北调东线一期工程水量和水价问题协调会纪要的通知》（办规计〔2006〕175 号）。说明如下。

（1）水资源费。水资源费应该计入供水成本，但是目前国家尚未颁布统一的水资源费征收标准。

（2）固定资产折旧费。固定资产折旧费核算应根据不同工程类别的实际寿命、经济寿命及实际使用情况等因素确定其折旧年限。从经济核算的观点来看，一般情况下以经济寿命作为折旧年限计算。固定资产折旧的计提，通常有动态折旧法和静态折旧法。跨流域调水工程建议采用直线折旧法计提折旧。

直线折旧法假定固定资产的价值在使用年限内均匀分配到产品中去，计算公式为

$$D_p = \frac{K - V_S}{n} \tag{4.1}$$

式中：D_p 为固定资产的年折旧费；K 为固定资产原值；V_S 为固定资产残值；n 为使用年限。

在实际工作中，通常使用折旧率来计提折旧费，计算公式为

$$D_p = (K - V_S)\lambda \tag{4.1)'}$$

式中：λ 为折旧率；其他符号意义同前。

不考虑固定资产的残值时，$V_S = 0$。折旧率采用年综合折旧率，为各类固定资产折旧

率加权平均求得。新增工程贷款在建设期的利息计入新增工程资产额。参见参考文献
[30]，年综合折旧率泵站为 2.6%，河道为 2.0%，供电、通信设施和水情水质监测系统
为 5.0%。

（3）贷款年利息净支出。贷款的本金和利息计入供水成本费用。

大型调水工程按照施工期平均使用贷款，且每年贷款在年初发生，贷款利息累计到建
设期末按年等额还款，施工期不还本付息，计算公式为

$$A = \frac{(1+i)^n \cdot i}{(1+i)^n - 1} \cdot I_c - \frac{I_c}{n} \qquad (4.2)$$

式中：A 为等额年利息净支出；I_c 为建设期末贷款的本利和；n 为扣除建设期的还贷期
限；i 为贷款年利率。

建设期末贷款本利和计算公式为

$$I_c = A'(1+i)[(1+i)^n - 1]/i \qquad (4.3)$$

式中：A' 为每年的贷款额，即等额年金；i 为贷款年利率；n 为建设期年限。

（4）工程维护费。大型调水工程的工程维护费包括一般维修费和大修理费，取费标准
参照《水利建设项目经济评价规范》（SL 72—2013），按固定资产额（扣除占地补偿费和
建设期贷款利息）乘以维护费率考虑。参见参考文献 [30]，泵站的一般维护费率为
1.0%，大修率取 1.5%，合计固定资产维护费率为 2.5%，供电、通信设施和水情水质
监测系统也按此标准测算。新建河道工程按固定资产投资的 1.0% 计算。其他没有具体规
定的工程，维护费率暂且采用 2.5% 计算。

（5）管理人员工资及福利费。管理人员工资及福利费按定编测算，管理人员人均年平
均工资标准为 10000 元，福利费为工资的 14%，劳动保护统筹取工资的 17%，住房基金
取工资的 10%。

（6）工程管理费。工程管理费按管理人员工资福利费的 1.5 倍测算。

（7）抽水电费。抽水扬程为平均扬程，参见参考文献 [31]。

1）设计扬程：取站上、站下设计水位之差为设计扬程。泵站站上、站下水位是河道
各节点的设计水位。

2）加权平均扬程。计算公式为

$$H = \sum H_i Q_i / \sum Q_i \qquad (4.4)$$

式中：H 为抽水平均扬程，m；Q_i 为每旬的泵站流量，m^3/s；H_i 为每旬的泵站扬
程，m。

在此扬程下，水泵应在高效点附近工作，使泵站长期运行时，能耗趋于最少。泵站的
抽水扬程采用平均扬程，电价按照实际执行电价，综合效率由装置效率、传动效率和机械
效率综合而成。抽水电费计算公式为

$$E = \frac{\alpha \cdot H \cdot k \cdot W}{\eta} \qquad (4.5)$$

式中：E 为抽水电费；α 为换算系数，取 $\alpha = 2.722 \times 10^{-3}$；$H$ 为抽水平均扬程，m；k
为电价，元/（kW·h）；W 为抽水量，m^3；η 为综合效率。

（8）其他费用。其他费用指上述费用以外，现阶段无法预计的费用。

（9）贷款本金。

以上几项费用之和为供水总成本费用。

4.2　各类工程供水总成本费用及核算方法

各类工程相对应的成本费用项目在《关于印送南水北调东线一期工程水量和水价问题协调会纪要的通知》（办规计〔2006〕175 号）中给出了相应的说明。具体如下。

1. 原有工程

原有工程包括原有河道、原有泵站和其他原有工程三大类。

（1）原有河道。原有河道仅考虑其运行维护费。原有河道一般具有调水、防洪排涝、航运等综合利用的功能，综合分析后，调水按 1/3 分摊供水成本费用，为方便表示记为第一层次分摊，调水分摊系数用 K_{h1} 表示。同时调水功能分摊的成本费用再按现状调水和新增调水两部分进行分摊，记为第二层次分摊，新增调水分摊系数用 K_{h2} 表示。新增调水分摊系数 K_{h2} 按下式计算：

$$K_{h2} = （河道规划输水量－现状规划输水量）/河道规划输水量$$

调水分摊系数 K_{h1} 和新增调水分摊系数 K_{h2} 参见参考文献 [24]，总调水分摊系数记为 K_h。

（2）原有泵站。原有泵站考虑固定资产折旧费和运行维护费，包括固定资产折旧费、工程维护费、工程管理费、管理人员工资福利费、抽水电费及其他等 6 项费用。

原有泵站的固定资产采用资产重置的方法，按工程新建泵站的平均单位流量投资指标估算。对于更新投资的泵站，需要从重置投资中扣除其更新改造投资的贷款，贷款投资按新增工程考虑。

原有泵站具有调水、除涝、航运等方面的功能，调水成本费用按现状调水和新增调水两部分进行分摊。为表述方便，调水、防洪除涝和航运分摊为第一层次分摊（分摊系数记为 K_{b1}），新增调水分摊为第二层次分摊（分摊系数记为 K_{b2}），总调水分摊系数记为 K_b。$K_{b2} = （泵站规划装机利用小时－现状规划装机利用小时）/泵站规划装机利用小时$。调水分摊系数 K_{b1} 和新增调水分摊系数 K_{b2} 参见《关于印送南水北调东线一期工程水量和水价问题协调会纪要的通知》（办规计〔2006〕175 号）。

根据参考文献 [30]，泵站的固定资产综合折旧率采用 2.6%，泵站的运行维护费按固定资产额（扣除占地补偿费用和建设期贷款利息）乘以维护费率测算。泵站的一般维修费率为 1.0%，大修理费率为 1.5%，合计维护费率为 2.5%。

（3）其他原有工程。其他原有工程考虑固定资产折旧费和运行维护费，包括固定资产折旧费、工程维护费、管理人员工资福利费、工程管理费等 4 项内容。

2. 新增工程

成本核算中新增工程分六类进行处理。第一类为泵站更新改造项目，贷款部分按照新建工程进行供水成本核算。第二类为排涝增加的项目。第三类为影响处理工程项目，只考虑贷款的还本付息费用，计入供水成本核算。第四类为拆除老站建新站项目，原有泵站原有规模分摊的投资按原有泵站处理，增加规模的投资计为新增工程投资，成本费用计入供水成本核算。第五类为截污导流工程和血防工程，截污导流工程只考虑贷款还本付息费用，血防工程的成本费用不计入调水成本，血防工程投资建议作为专项投资，不纳入供水成本核算。第六类为其他工程，成本费用计入供水成本。

4.3 总成本费用核算

供水成本确定方法涉及固定资产重置系数、河道工程维护费标准、管理定员、泵站维护费率、泵站综合效率及电价等参数。上述参数确定参见《关于印送南水北调东线一期工程水量和水价问题协调会纪要的通知》（办规计〔2006〕175 号）。

大型调水工程总成本费用核算公式如下：

$$TC = \sum_{j=1}^{n} C_j + \sum_{j=1}^{n} U_j \tag{4.6}$$

式中：TC 为供水总成本，元；C_j 为大型调水工程第 j 区段的固定资产年折旧费，元；U_j 为大型调水工程第 j 区段的年运行费，元；n 为大型调水工程分段数。

第5章 供水成本细化计算方法
及计算结果修正的思路与方法

由第4章可知，大型调水工程成本核算的要素较多，且工程由众多设计单元组成，部分设计单元存在新旧工程叠加，兼具多项功能等特点。同时，由于工程运行中的影响因素也较多，在成本核算时侧重考虑的因素不同，也会导致不同的核算结果。本章将从大型调水工程首末两端的成本核算入手，为考虑不同影响因素下的成本核算提供相应的细化计算方法，并对其进行修正。

5.1 供水成本细化计算方法

5.1.1 基于干线统一核算的细化方法（方法一）

大型跨流域（区域）国家战略性调水工程，应由国家统一规划、统一设计、统一建设、统一管理、统一核算。应参考（采用）电力、通信、石油、道路系统等相关系统的建设、运行与管理模式。

水资源属于人类共有的资源，应逐步实现资源共享。对于大型跨流域（区域）国家战略性调水工程而言，应在工程覆盖范围内统一核算成本。实行"网内统一核算成本"（这里的"网"指水网）。基于这一思路，大型跨流域调水工程单方水供水成本可采用式（5.1）计算：

$$UC = \frac{\sum_{j=1}^{n} C_j + \sum_{j=1}^{n} U_j}{W}$$

(5.1)

式中：UC 为单方水的供水成本，元/m³；W 为大型调水工程年净增供水量，m³；其他符号意义同式（4.6）。

该方法认为全干线供水成本费用均匀分摊，单方水供水成本干线统一，充分体现了资源共享的特点。

5.1.2 考虑泵站耗能的细化方法（方法二）

对于逐级提水式的大型调水工程，沿线需消耗大量电能，可考虑泵站耗能由上游向下游分摊，其他供水成本费用均匀分摊，沿线单方水供水成本可采用式（5.2）和式（5.3）计算：

$$UC_2 = \frac{\sum_{j=1}^{n} C_j + \sum_{j=1}^{n} U_j^2}{W}$$

(5.2)

$$UC_3 = 2 \cdot \frac{\sum_{j=1}^{n} U_j^3}{W} + UC_2 \qquad (5.3)$$

式中：UC_2 为干线工程在考虑耗能影响因素下的始端单方水供水成本，元/m³；UC_3 为干线工程在考虑耗能影响因素下的末端单方水供水成本，元/m³；U_j^2 为大型调水工程第 j 区段除泵站耗电费之外的年运行费，元；U_j^3 为大型调水工程第 j 区段泵站年耗电费，元，沿程的供水成本应在 UC_2 和 UC_3 之间；其他符号意义同式（5.1）。

如果干线沿程到某一段之后变为自流，则自流段的供水成本与全线位置最高处的调蓄水库（湖或池）处相同，如图 5.1 所示。位置最高处的调蓄水库一般是指与最后一级泵站相衔接的水库。如果全线均为提水，沿程的供水成本应在 UC_2 和 UC_3 之间。如果最后一级泵站不在终点，也就是说干线到某一点后变为自流，这种情况说明：若供水干线由 X_1 和 X_2 两部分组成，X_1 段为逐级提水，X_2 段为自流，

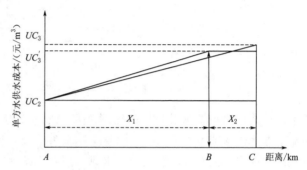

图 5.1 单方水供水成本分析计算示意图
A—干线起点；B—干线位置最高的调蓄水库（湖、池）处；C—干线终点

干线总长度为 $X = X_1 + X_2$。当 $X_1 = X$，$X_2 = 0$ 时，即为全线逐级提水，这种情况下如前所述，始端单方水供水成本为 UC_2，末端单方水供水成本为 UC_3。当 $X_1 \neq X$，$X_2 \neq 0$ 时，即干线 X_1 段为逐级提水，到达 X_1 后变为自流，这种情况下，始端单方水供水成本仍为 UC_2，末端单方水供水成本用 UC_3' 表示，则

$$UC_3' = \frac{(X_1 + X_2)(UC_3 - UC_2)}{(X_1 + 2X_2)} + UC_2 \qquad (5.3)'$$

如图 5.1 所示，在全线均需要逐级提水的情况下，供水成本在 A、C 之间（干线始端与末端之间）均沿直线变化，始端单方水供水成本为 UC_2，末端单方水供水成本为 UC_3；在干线前段为逐级提水、后段为自流的情况下，供水成本在 A、B（干线始端与干线位置最高的调蓄水库处）之间沿直线变化，始端单方水供水成本仍为 UC_2，干线位置最高的调蓄水库（B 点）之后单方水供水成本变为定值 UC_3'。

5.1.3 考虑资金构成的细化方法（方法三）

考虑到大型调水工程投资由国家投资和贷款构成，则国家投资部分的供水工程成本费用均分，贷款部分的供水成本费用可全部或部分由上游向下游分摊。为区分两种情况，设定情况一为贷款部分的供水成本费用全部向下游分摊，情况二为贷款部分的固定资产向下游分摊。沿线单方水供水成本核算公式见式（5.4）、式（5.5）和式（5.4）'、式（5.5）'。

式（5.4）和式（5.5）对应 $(1-\alpha_1)$（即贷款部分）的供水成本费用全部由上游向下游分摊；式（5.4）' 和式（5.5）' 对应 $(1-\alpha_1)$（即贷款部分）的供水成本费用中的固定资

产折旧费由上游向下游分摊。

$$UC_4 = \alpha_1 \cdot \frac{\sum\limits_{j=1}^{n} C_j + \sum\limits_{j=1}^{n} U_j}{W} \tag{5.4}$$

$$UC_5 = 2(1 - \alpha_1) \cdot \frac{\sum\limits_{j=1}^{n} C_j + \sum\limits_{j=1}^{n} U_j}{W} + UC_4 \tag{5.5}$$

$$UC_4' = \frac{\alpha_1 \sum\limits_{j=1}^{n} C_j + \sum\limits_{j=1}^{n} U_j}{W} \tag{5.4}'$$

$$UC_5' = \frac{2(1 - \alpha_1) \sum\limits_{j=1}^{n} C_j}{W} + UC_4' \tag{5.5}'$$

式中：α_1 为国家投资占总投资的比例；UC_4 或 UC_4' 为干线工程在考虑资金构成影响因素下始端单方水供水成本，元/m³；UC_5 或 UC_5' 为干线工程在考虑资金构成影响因素下末端单方水供水成本，元/m³；沿程的供水成本应在 UC_4 和 UC_5 之间或 UC_4' 和 UC_5' 之间；其他符号意义同前。

5.1.4　考虑运行成本的细化方法（方法四）

考虑到上游不仅为本区段供水提供服务，而且也为下游各区段的供水提供服务，工程运行费可全部或部分由上游向下游分摊。为区分两种情况，设定情况一为工程运行的供水成本费用全部向下游分摊，情况二为工程运行的供水成本费用部分向下游分摊。沿线单方水供水成本可采用式（5.6）和式（5.7）或式（5.6）′和式（5.7）′计算。式（5.6）和式（5.7）对应运行费用全部由上游向下游分摊；式（5.6）′和式（5.7）′对应（$1-\alpha_1$）（即贷款部分）的运行费用由上游向下游分摊。

$$UC_6 = \frac{\sum\limits_{j=1}^{n} C_j}{W} \tag{5.6}$$

$$UC_7 = 2 \cdot \frac{\sum\limits_{j=1}^{n} U_j}{W} + UC_6 \tag{5.7}$$

$$UC_6' = \frac{\alpha_1 \sum\limits_{j=1}^{n} U_j + \sum\limits_{j=1}^{n} C_j}{W} \tag{5.6}'$$

$$UC_7' = \frac{2(1 - \alpha_1) \sum\limits_{j=1}^{n} U_j}{W} + UC_6' \tag{5.7}'$$

式中：α_1 为国家投资占总投资的比例；UC_6 或 UC_6' 为干线工程在考虑运行费用影响因素下始端单方水供水成本，元/m³；UC_7 或 UC_7' 为干线工程在考虑运行费用影响因素下末端单方水供水成本，元/m³；沿程的供水成本应在 UC_6 和 UC_7 之间或 UC_6' 和 UC_7' 之间；其他符号意义同前。

5.1.5 考虑资金构成与运行成本的细化方法（方法五）

供水成本费用中只有国家投资部分形成的固定资产折旧费均匀分摊，其余供水成本费用由上游向下游分摊，这种情况作为考虑资金构成与运行成本的细化方法，在这种情况下沿线单方水供水成本可采用式（5.8）和式（5.9）计算：

$$UC_8 = \frac{\alpha_1 \sum_{j=1}^{n} C_j}{W} \tag{5.8}$$

$$UC_9 = 2 \cdot \frac{(1-\alpha_1)\sum_{j=1}^{n} C_j + \sum_{j=1}^{n} U_j}{W} + UC_8 \tag{5.9}$$

式中：UC_8 为干线工程在考虑资金构成与运行成本情况下始端单方水供水成本，元/m³；UC_9 为干线工程在考虑资金构成与运行成本情况下末端单方水供水成本，元/m³；沿程的供水成本应在 UC_8 和 UC_9 之间；其他符号意义同前。

5.1.6 分段计算

大型调水工程干线可分为上、下游两段分别进行研究。以上、下游段分别作为一个整体，利用前文 5.1.1 节至 5.1.5 节（方法一至方法五）分别进行计算。

若以方法一为基础，则大型调水工程干线上、下游段单方水成本计算公式为

上游段：
$$UC_{1u} = \frac{\sum_{j_1=1}^{n_1} C_{j_1} + \sum_{j_1=1}^{n_1} U_{j_1}}{W_1} \tag{5.10}$$

下游段：
$$UC_{1l} = \frac{\sum_{j_2=1}^{n_2} C_{j_2} + \sum_{j_2=1}^{n_2} U_{j_2}}{W_2} \tag{5.11}$$

式中：UC_{1u}、UC_{1l} 分别为上、下游段单方水的供水成本，元/m³；W_1、W_2 分别为上、下游段调水工程年净增供水量，m³；C_{j_1}、C_{j_2} 分别为上、下游段第 j_1、j_2 区段的固定资产年折旧费，元；U_{j_1}、U_{j_2} 分别为上、下游段第 j_1、j_2 区段的年运行费，元；n_1、n_2 分别为大型调水工程上、下游段在计算折旧费和运行费时的分段数。

若以其他方法（方法二至方法五）为基础，可推导出相应的计算公式，此处不再详述。

5.2 供水成本计算结果修正的思路与方法

5.1 节中的计算方法一般是针对理想状态，即干线工程沿程用水是均匀的。事实上没有完全理想状态的工程，工程沿程用水多少取决于需求。因此，需对前面的供水成本计算结果进行修正。

对供水成本计算结果进行修正的基本思路是：工程沿程各段的用水量与该段对应的单方水供水成本（前面的计算结果）之积的累加值应与工程供水总成本费用相等。

具体修正方法分两种情况，如图 5.2 所示，下面分别进行说明。

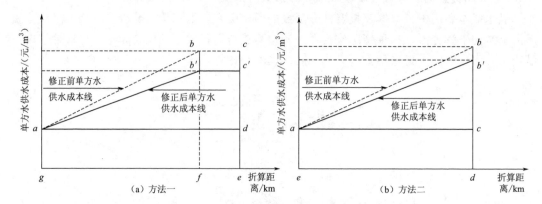

图 5.2　单方水供水成本过程线修正示意图

图 5.2（a）对应的修正方法如下：

（1）计算长方形 *adeg* 的面积。始端单方水供水成本与总净增供水量之积对应长方形 *adeg* 的面积，用 *A* 表示。

（2）计算梯形 *abcd* 的面积。将梯形划分成若干段（沿横坐标方向划分），各段净增供水量与该段平均单方水供水成本之积的累加值对应梯形 *abcd* 的面积，用 *B* 表示。

（3）计算修正系数。修正系数用 α 表示，$\alpha=$（工程供水总成本费用$-A$）$/B$。

（4）计算修正后的单方水供水成本。梯形 *abcd* 的高（纵坐标方向）乘以修正系数 α，即得到梯形 *ab'c'd*。*ab'c'* 即为修正后的单方水供水成本过程线。

图 5.2（b）对应的修正方法如下：

（1）计算长方形 *acde* 的面积。始端单方水供水成本与总净增供水量之积对应长方形 *acde* 的面积，用 *A* 表示。

（2）计算三角形 *abc* 的面积。将三角形划分成若干段（沿横坐标方向划分），各段净增供水量与该段平均单方水供水成本之积的累加值对应三角形 *abc* 的面积，用 *B* 表示。

（3）计算修正系数。修正系数用 α 表示，$\alpha=$（工程供水总成本费用$-A$）$/B$。

（4）计算修正后的单方水供水成本。三角形 *abc* 的高（纵坐标方向）乘以修正系数 α，即得到三角形 *ab'c*。*ab'* 即为修正后的单方水供水成本过程线。

第6章　基于成本分摊公式的单方水供水 成本计算方法及存在问题

6.1　成本分摊公式的由来及演化

6.1.1　成本分摊公式的由来

国内最早的费用分摊来源于《水利建设项目经济评价规范》（SL 72—94）。规范中对综合利用水利建设项目费用分摊进行了单独陈述。随后，《水利工程供水价格管理办法》（国家发展和改革委员会与水利部联合制定，自 2004 年 1 月 1 日起施行）中关于供水成本作出如下规定：水利工程供水价格由供水生产成本、费用、利润和税金构成[25]。供水生产成本是指正常供水生产过程中发生的直接工资、直接材料费、其他直接支出以及固定资产折旧费、修理费、水资源费等制造费用。供水生产费用是指为组织和管理供水生产经营而发生的合理销售费用、管理费用和财务费用。

6.1.2　成本分摊公式的演化

目前，对调水工程成本分摊公式已开展了诸多研究，本节对其中的重点方法进行梳理，分析各公式的侧重点。

1. 考虑净增供水量的分摊公式

考虑净增供水量的分摊公式，在 2003 年南水北调工程东线第一期工程规划阶段被提出，公式为

$$\begin{cases} C_n = \sum_{i=1}^{n} \dfrac{W_n}{\sum\limits_{j=i}^{m} W_j} \cdot C_i \\ D_n = \dfrac{C_n}{w_n} \end{cases} \tag{6.1}$$

式中：C_n 为第 n 段分摊的总供水成本费用，元；C_i 为第 i 区段参加分摊的总供水成本费用，元；W_n 为第 n 区段的净增供水量，m^3；n 为顺调水方向分摊区段的编号；m 为区段划分总数；D_n 为各区段单方水供水成本，元/m^3。

2. 考虑净增供水量与输水损失的分摊公式（折算水量分摊公式）

考虑净增供水量与输水损失的分摊公式，在 2003 年提出公式的基础上进一步考虑了输水损失的问题，于 2005 年南水北调工程东线第一期工程可研阶段被提出，公式为

$$W_{n分摊损失} = \sum_{i=1}^{n} \dfrac{W_{n净增}}{\sum\limits_{j=i}^{m} W_{n净增}} \times W_{i分摊损失} \tag{6.2}$$

式中：$W_{n分摊损失}$ 为第 n 段分摊的输水损失，m^3；$W_{i分摊损失}$ 为第 i 段参与分摊的输水损失，m^3；$W_{n净增}$ 为第 n 段的净增供水量，m^3；n 为顺调水方向分摊区段的编号；m 为区段划分总数。

各区段的成本费用分摊公式为

$$\begin{cases} W_n = W_{n净增} + W_{n分摊损失} \\ C_n = \sum_{i=1}^{n} \dfrac{W_n}{\sum\limits_{j=i}^{m} W_j} \cdot C_i \\ D_n = \dfrac{C_n}{W_{n净增}} \end{cases} \tag{6.3}$$

式中：W_n 为第 n 区段的折算水量，m^3；C_n 为第 n 段分摊的供水总成本费用，元；C_i 为第 i 区段参加分摊的总供水成本费用，元；n 为顺调水方向分摊区段的编号；m 为区段划分总数；D_n 为各区段单方水供水成本，元/m^3。

3. 参考文献 [32] 的公式（2005 年）

参考文献 [32] 首次提出南水北调东线共用工程的投资分摊，各供水区段需发生的工程总成本费用，除最下游区段只为本区段供水目标服务外，其余区段都要同时为本区段和下游区段供水目标服务，需由各受益区段依据折算后的增供水量比例进行分摊。公式的具体形式为

$$C_n = \sum_{i=1}^{n} \dfrac{W_n}{\sum\limits_{j=i}^{m} W_j} \cdot C_i \tag{6.4}$$

式中：C_n 为第 n 段分摊的供水总成本费用，元；C_i 为第 i 段实际发生的总成本费用，元；W_n 为第 n 段的折算水量，m^3；折算水量由各区段净增供水量加上应分摊的输水损失而得；n 为顺调水方向分摊区段的编号；m 为区段划分总数；D_n 为各区段单方水供水成本，元/m^3。

参考文献 [13]、[33]、[34] 利用参考文献 [32] 的公式对南水北调东线第一期工程供水成本进行了分摊计算与核算，他们认为各区段需向北分摊的总供水成本费用，除最下游区段只为本区段供水目标服务外，其他区段都要同时为本区段和下游区段供水目标服务，因此需由受益区段依据折算水量的比例分摊。以下为参考文献 [13]、[33]、[34] 两种不同类型供水线路的供水成本分摊模型。

（1）无分支供水线路供水成本分摊。无分支供水线路，调水全线由 $m+1$ 个节点分割为 m 段，编号按顺水流向，$i = 1,2,3,4,\cdots,n$。设第 i 个区段向后分摊的成本费用为 C_i。第一个区段的成本费用由全线分，第二个区段的成本费用由第二个区段至终点分摊，第 i 个区段的成本费用由第 i 个取水口门至终点分摊，依此类推，公式见式（6.4）。

（2）有分支供水线路供水成本费用分摊。对有分支供水线路而言，各区段分摊工程费用的基本原理方法与无分支渠系工程的费用分摊原理与方法类似，即各区段应分摊从该段逆流而上直至水源处所有上游区段的成本费用，此时它们所构成的成本费用分摊线路亦成了一个无分支供水线路。计算时，先选定该区段所在的分支线路，然后从该区段开始，逆

向沿该分支线路直至其水源处。而其后下游总供水量，则包括该区段以后，即以该区段为渠首的所有分支线路中各区段的供水量。

$$C_{总n} = C_{专n} + C_{分n} + C_{其n} \qquad (6.4)'$$

式中：$C_{总n}$ 为第 n 段总供水成本费用，元；$C_{专n}$ 为第 n 段专用的供水成本费用，元，南水北调没有专属某段专用的供水成本费用；$C_{分n}$ 为第 n 段分摊的各段向北分摊的供水成本费用，元；$C_{其n}$ 为第 n 段分摊的其他专用部分供水成本费用，元。

因为一些工程投资不是向北的所有段分摊，但同时又不属某一段专用，而是由某几段共用，这样的专用部分成本费用按受益段的折算水量比例进行分摊即可得出受益各段分摊的其他专用部分成本费用。

同时，参考文献 [13]、[33]、[34] 还对南水北调东线一期工程的分段数进行了研究，研究发现，分段越多，东线工程上游段的供水成本越低，下游段越高。

4. 参考文献 [35] 的公式 （2008 年）

2008 年 12 月，参考文献 [35] 的作者根据《水利工程供水价格管理办法》的相关规定，出版了《水利工程供水价格核算研究》一书，对跨流域调水工程供水成本分摊计算进行研究，提出了相应的计算公式。

参考文献 [35] 中的跨流域调水成本费用分摊原则为：投资和供水成本、费用分摊应根据"谁受益，谁负担"的原则进行。只为某一部门、某一地区服务的专用工程投资和供水成本、费用由该部门、该地区承担；同时为两个和两个以上部门、地区服务的共用工程投资和供水成本、费用由受益部门、受益地区按其受益的大小分摊。

水源工程和总干渠工程由于所处的位置和功能不同，分摊方法也不尽相同。

（1）水源工程供水成本、费用分摊方法。跨流域调水的水源一般是从水库工程和河道工程中直接引水或提水获取。若从水库引水或提水，由于水库工程一般情况下都具有综合利用功能，除供水外还具有防洪、发电等功能，因此首先要在各受益部门之间分摊。若从河道引水或提水，引水工程和提水工程一般不承担其他功能，专为供水服务，所以不需要再分摊，全部工程成本费用均由供水承担。然后再将水源工程的成本费用按口门出水量的大小，分摊到各口门。

（2）总干渠口门工程供水成本费用分摊方法。总干渠上的每一输水口门的供水服务对象不同，在计算口门水价时，先将各段工程分为共用工程和专用工程两部分。各段共用工程供水成本费用，沿水流方向，自上而下，按口门出水量的大小，逐级向下分摊，直至最后一级。某段专用工程的供水成本费用不进行分摊，直接计入该段口门的供水成本费用。

（3）口门水价计算方法。先求得供水口门的成本费用，在此基础上加上利润、税金后再除以口门出水量即得口门水价。其中口门成本费用由本段分摊的水源供水成本费用、本段分摊的共用工程供水成本费用和本段专用工程供水成本费用三部分组成。

参考文献 [35] 的跨流域调水工程分水口供水成本分摊公式为

$$C_n = C_y \frac{W_n}{\sum\limits_{k=1}^{m} W_k} + \sum\limits_{i=1}^{n} \frac{W_n}{\sum\limits_{j=i}^{m} W_j} C_i + C_z \qquad (6.5)$$

式中：C_n 为第 n 段口门间分摊的成本费用，元；C_y 为水源工程供水成本费用，元；C_i 为

第 i 段参加分摊的共用工程供水成本费用，元；C_z 为第 n 段专用工程供水成本费用，元；W_n 为第 n 段的口门出水量，m^3；n 为沿调水方向自上游向下游分摊区段的编号；m 为区段划分总数；第 k、i、j 为计算区段；$\sum\limits_{k=1}^{m} W_k$ 为总供水量，m^3；$\sum\limits_{j=1}^{m} W_j$ 为第 j 段及以后的各段供水量之和，m^3。

该公式与南水北调规划和可研阶段供水成本与水价测算公式的主导思想一致，仅表达形式不同而已。

6.2　成本分摊公式的讨论

为了便于研究，现假定：①调水工程无分支，且均匀比例投资、均匀供水、均匀损失、均匀分段；②在工程规模和技术手段一定的情况下，全段总成本费用 $C_{总}$、全段（从始端至末端）总净增供水量 $W_{总净增}$、全段总输水损失 $W_{总损失}$ 三大因素是一定的。先讨论当分段数变化时，各区段的供水成本值变化。

6.2.1　净增供水量分摊公式下的单方水成本分析与计算
6.2.1.1　各区段分摊成本费用计算公式
各区段单方水成本为

$$C_n = \sum_{i=1}^{n} \frac{W_{n净增}}{\sum\limits_{j=i}^{m} W_{j净增}} \cdot C_i \tag{6.6}$$

$$D_n = \frac{C_n}{W_{n净增}} \tag{6.7}$$

式中各符号意义同式（6.1）。

6.2.1.2　单方水成本分析计算

设调水工程总长分为 m（$n=1,2,\cdots,m$）段，总费用为 $C_{总}$。为便于研究，沿程费用变化分以下两种典型情况进行讨论（其他情况介于两种典型情况之间）：①沿程成本费用均匀一致，如图 6.1（a）所示；②沿程成本费用逐渐减小，如图 6.1（b）、图 6.1（c）所示。

由于图 6.1（b）的情况介于图 6.1（a）与图 6.1（c）表示的情况之间，所以本书仅以图 6.1（a）、图 6.1（c）的情况进行讨论。

1. 沿线成本费用均匀一致的情况 ［图 6.1（a）］

设沿程均匀分 m 段，每段净增供水为 $W_{n净增}$，且每段净增供水相同，即 $W_{1净增} + W_{2净增} + \cdots + W_{n净增} = W_{总净增}$，$W_{1净增} = W_{2净增} = \cdots = W_{n净增} = \dfrac{W_{总净增}}{m}$，总成本费用（工程折旧、运行费）为 $C_{总}$，每段为 $\dfrac{C_{总}}{m}$。

（1）当 $m=1$（从始端至末端共 1 段）时，$n=1$，$C_n = \sum\limits_{i=1}^{n} \dfrac{W_{n净增}}{\sum\limits_{j=i}^{m} W_{j净增}} \cdot C_i$，此式变

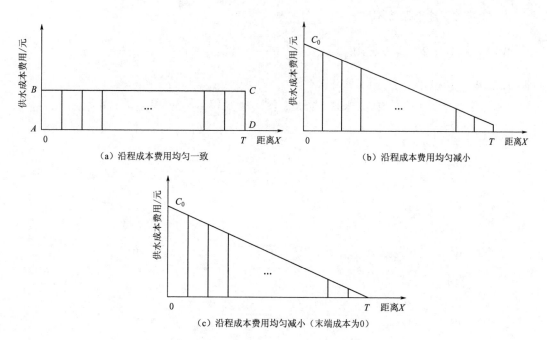

（a）沿程成本费用均匀一致　　　　　　　（b）沿程成本费用均匀减小

（c）沿程成本费用均匀减小（末端成本为0）

图 6.1　沿程成本费用变化示意图

为 $C_1 = \dfrac{W_{总净增}}{W_{总净增}} \cdot C_总$。

全段单方水成本 $D_1 = \dfrac{C_总}{W_总} = 1 \cdot \dfrac{C_总}{W_{总净增}}$，即全段单方水成本一样。

（2）当 $m=2$（从始端至末端共分 2 段）时，$W_{总净增} = W_{1净增} + W_{2净增}$；且 $W_{1净增} = W_{2净增} = \dfrac{1}{2} W_{总净增}$，$C_1 = C_2 = \dfrac{C_总}{m}$。

1）$n=1$ 时

$$C_{1分摊} = \frac{W_{1净增}}{W_{1净增} + W_{2净增}} \cdot C_1$$

$$D_1 = \frac{C_{1分摊}}{W_{1净增}} = \frac{W_{1净增}}{W_{1净增} + W_{2净增}} \cdot \frac{C_1}{W_{1净增}} = \frac{1}{W_{1净增} + W_{2净增}} \cdot C_1 = \frac{1}{2} \frac{C_总}{W_{总净增}}$$

2）$n=2$ 时

$$C_{2分摊} = \frac{W_{2净增}}{W_{1净增} + W_{2净增}} \cdot C_1 + \frac{W_{2净增}}{W_{2净增}} \cdot C_2$$

$$D_2 = \frac{C_{2分摊}}{W_{2净增}} = \frac{W_{2净增}}{W_{1净增} + W_{2净增}} \cdot \frac{C_1}{W_{2净增}} + \frac{W_{2净增}}{W_{2净增}} \cdot \frac{C_2}{W_{2净增}}$$

$$= \frac{1}{W_{1净增} + W_{2净增}} \cdot C_1 + \frac{1}{W_{2净增}} \cdot C_2$$

$$= D_1 + \frac{1}{W_{2净增}} \cdot C_2 = \left(\frac{1}{2} + 1 \right) \frac{C_总}{W_{总净增}}$$

3）验证 $C_{总}$ 是否保持不变：

$$W_{1净增} \cdot D_1 + W_{2净增} D_2 = W_{1净增} \times \frac{1}{2} \frac{C_{总}}{W_{总净增}} + W_{2净增} \times \left(\frac{1}{2} + 1\right) \frac{C_{总}}{W_{总净增}} = C_{总}$$

即 $C_{总}$ 及 $W_{总净增}$ 保持不变。

（3）当 $m = 3$（从始端至末端共分 3 段）时，$W_{总净增} = W_{1净增} + W_{2净增} + W_{3净增}$，

$W_{1净增} = W_{2净增} = W_{3净增} = \frac{1}{3} W_{总净增}$；$C_{总} = C_1 + C_2 + C_3$，$C_1 = C_2 = C_3 = \frac{C_{总}}{m}$。

1）$n = 1$ 时

$$C_{1分摊} = \frac{W_{1净增}}{W_{1净增} + W_{2净增} + W_{3净增}} \cdot C_1$$

$$D_1 = \frac{C_{1分摊}}{W_{1净增}} = \frac{W_{1净增}}{W_{1净增} + W_{2净增} + W_{3净增}} \cdot \frac{C_1}{W_{1净增}} = \frac{1}{W_{1净增} + W_{2净增} + W_{3净增}} \cdot C_1 = \frac{1}{3} \frac{C_{总}}{W_{总净增}}$$

2）$n = 2$ 时

$$C_{2分摊} = \frac{W_{2净增}}{W_{1净增} + W_{2净增} + W_{3净增}} \cdot C_1 + \frac{W_{2净增}}{W_{2净增} + W_{3净增}} \cdot C_2$$

$$D_2 = \frac{C_{2分摊}}{W_{2净增}} = \frac{W_{2净增}}{W_{1净增} + W_{2净增} + W_{3净增}} \cdot \frac{C_1}{W_{2净增}} + \frac{W_{2净增}}{W_{2净增} + W_{3净增}} \cdot \frac{C_2}{W_{2净增}}$$

$$= \frac{1}{W_{1净增} + W_{2净增} + W_{3净增}} \cdot C_1 + \frac{1}{W_{2净增} + W_{3净增}} \cdot C_2$$

$$= D_1 + \frac{1}{W_{2净增} + W_{3净增}} \cdot C_2 = \left(\frac{1}{3} + \frac{1}{2}\right) \frac{C_{总}}{W_{总净增}}$$

3）$n = 3$ 时

$$C_{3分摊} = \frac{W_{3净增}}{W_{1净增} + W_{2净增} + W_{3净增}} \cdot C_1 + \frac{W_{3净增}}{W_{2净增} + W_{3净增}} \cdot C_2 + \frac{W_{3净增}}{W_{3净增}} \cdot C_3$$

$$D_3 = \frac{C_{3分摊}}{W_{3净增}}$$

$$= \frac{W_{3净增}}{W_{1净增} + W_{2净增} + W_{3净增}} \cdot \frac{C_1}{W_{3净增}} + \frac{W_{3净增}}{W_{2净增} + W_{3净增}} \cdot \frac{C_2}{W_{3净增}} + \frac{W_{3净增}}{W_{3净增}} \cdot \frac{C_3}{W_{3净增}}$$

$$= \frac{1}{W_{1净增} + W_{2净增} + W_{3净增}} \cdot C_1 + \frac{1}{W_{2净增} + W_{3净增}} \cdot C_2 + \frac{1}{W_{3净增}} \cdot C_3 = D_2 + \frac{1}{W_{3净增}} \cdot C_3$$

$$= \left(\frac{1}{3} + \frac{1}{2} + 1\right) \frac{C_{总}}{W_{总净增}}$$

4）验证 $C_{总}$ 及 $W_{总净增}$ 是否保持不变：

$$W_{1净增} \cdot D_1 + W_{2净增} D_2 + W_{3净增} D_3$$

$$= W_{1净增} \times \frac{1}{3} \frac{C_{总}}{W_{总净增}} + W_{2净增} \times \left(\frac{1}{3} + \frac{1}{2}\right) \frac{C_{总}}{W_{总净增}} + W_{3净增} \times \left(\frac{1}{3} + \frac{1}{2} + 1\right) \frac{C_{总}}{W_{总净增}} = C_{总}$$

即 $C_{总}$ 及 $W_{总净增}$ 保持不变。

（4）当 $m=4$（从始端至末端共分 4 段）时，$W_{总净增}=W_{1净增}+W_{2净增}+W_{3净增}+W_{4净增}$；$W_{1净增}=W_{2净增}=W_{3净增}=W_{4净增}=\dfrac{1}{4}W_{总净增}$。

1）$n=1$ 时

$$C_{1分摊}=\frac{W_{1净增}}{W_{1净增}+W_{2净增}+W_{3净增}+W_{4净增}}\cdot C_1$$

$$D_1=\frac{C_{1分摊}}{W_{1净增}}=\frac{W_{1净增}}{W_{1净增}+W_{2净增}+W_{3净增}+W_{4净增}}\cdot\frac{C_1}{W_{1净增}}$$

$$=\frac{1}{W_{1净增}+W_{2净增}+W_{3净增}+W_{4净增}}\cdot C_1$$

$$=\frac{1}{4}\cdot\frac{C_{总}}{W_{总净增}}$$

2）$n=2$ 时

$$C_{2分摊}=\frac{W_{2净增}}{W_{1净增}+W_{2净增}+W_{3净增}+W_{4净增}}\cdot C_1+\frac{W_{2净增}}{W_{2净增}+W_{3净增}+W_{4净增}}\cdot C_2$$

$$D_2=\frac{C_{2分摊}}{W_{2净增}}=\frac{W_{2净增}}{W_{1净增}+W_{2净增}+W_{3净增}+W_{4净增}}\cdot\frac{C_1}{W_{2净增}}+\frac{W_{2净增}}{W_{2净增}+W_{3净增}+W_{4净增}}\cdot\frac{C_2}{W_{2净增}}$$

$$=\frac{1}{W_{1净增}+W_{2净增}+W_{3净增}+W_{4净增}}\cdot C_1+\frac{1}{W_{2净增}+W_{3净增}+W_{4净增}}\cdot C_2$$

$$=D_1+\frac{1}{W_{2净增}+W_{3净增}+W_{4净增}}\cdot C_2=\left(\frac{1}{4}+\frac{1}{3}\right)\frac{C_{总}}{W_{总净增}}$$

3）$n=3$ 时

$$C_{3分摊}=\frac{W_{3净增}}{W_{1净增}+W_{2净增}+W_{3净增}+W_{4净增}}\cdot C_1+\frac{W_{3净增}}{W_{2净增}+W_{3净增}+W_{4净增}}\cdot C_2+$$

$$\frac{W_{3净增}}{W_{3净增}+W_{4净增}}\cdot C_3$$

$$D_3=\frac{C_{3分摊}}{W_{3净增}}=\frac{W_{3净增}}{W_{1净增}+W_{2净增}+W_{3净增}+W_{4净增}}\cdot\frac{C_1}{W_{3净增}}+$$

$$\frac{W_{3净增}}{W_{2净增}+W_{3净增}+W_{4净增}}\cdot\frac{C_2}{W_{3净增}}+\frac{W_{3净增}}{W_{3净增}+W_{4净增}}\cdot\frac{C_3}{W_{3净增}}$$

$$=\frac{1}{W_{1净增}+W_{2净增}+W_{3净增}+W_{4净增}}\cdot C_1+\frac{1}{W_{2净增}+W_{3净增}+W_{4净增}}\cdot C_2+\frac{1}{W_{3净增}+W_{4净增}}\cdot C_3$$

$$=D_2+\frac{1}{W_{3净增}+W_{4净增}}\cdot C_3=\left(\frac{1}{4}+\frac{1}{3}+\frac{1}{2}\right)\frac{C_{总}}{W_{总净增}}$$

4）$n=4$ 时

$$C_{4分摊}=\frac{W_{4净增}}{W_{1净增}+W_{2净增}+W_{3净增}+W_{4净增}}\cdot C_1+\frac{W_{4净增}}{W_{2净增}+W_{3净增}+W_{4净增}}\cdot C_2$$

$$+\frac{W_{4净增}}{W_{3净增}+W_{4净增}}\cdot C_3+\frac{W_{4净增}}{W_{4净增}}\cdot C_4$$

$$D_4 = \frac{C_{4分摊}}{W_{4净增}} = \frac{W_{4净增}}{W_{1净增}+W_{2净增}+W_{3净增}+W_{4净增}} \cdot \frac{C_1}{W_{4净增}} + \frac{W_{4净增}}{W_{2净增}+W_{3净增}+W_{4净增}} \cdot$$

$$\frac{C_2}{W_{4净增}} + \frac{W_{4净增}}{W_{3净增}+W_{4净增}} \cdot \frac{C_3}{W_{4净增}} + \frac{W_{4净增}}{W_{4净增}} \cdot \frac{C_4}{W_{4净增}}$$

$$= \frac{1}{W_{1净增}+W_{2净增}+W_{3净增}+W_{4净增}} \cdot C_1 + \frac{1}{W_{2净增}+W_{3净增}+W_{4净增}} \cdot C_2 +$$

$$\frac{1}{W_{3净增}+W_{4净增}} \cdot C_3 + \frac{1}{W_{4净增}} \cdot C_4$$

$$= D_4 + \frac{1}{W_{4净增}} \cdot C_4 = \left(\frac{1}{4}+\frac{1}{3}+\frac{1}{2}+1\right)\frac{C_{总}}{W_{总净增}}$$

验证 $C_{总}$ 及 $W_{总净增}$ 是否保持不变：

$$W_{1净增} \cdot D_1 + W_{2净增} D_2 + W_{3净增} D_3 + W_{4净增} D_4 = W_{1净增} \times \frac{1}{4} \frac{C_{总}}{W_{总净增}} + W_{2净增} \times$$

$$\left(\frac{1}{4}+\frac{1}{3}\right)\frac{C_{总}}{W_{总净增}} + W_{3净增} \times \left(\frac{1}{4}+\frac{1}{3}+\frac{1}{2}\right)\frac{C_{总}}{W_{总净增}} + W_{4净增} \times \left(\frac{1}{4}+\frac{1}{3}+\frac{1}{2}+1\right)\frac{C_{总}}{W_{总净增}} = C_{总}$$

即 $C_{总}$ 及 $W_{总净增}$ 保持不变。

依此类推，当 $m=n$ 的时候，第 n 段的单方水成本＝第 $n-1$ 段的单方水成本＋该段本身的成本费用/本段之后的净增供水量，即

$$D_n = D_{n-1} + \frac{1}{W_{n净增}} \cdot C_n = \left(\frac{1}{n}+\frac{1}{n-1}+\cdots+\frac{1}{3}+\frac{1}{2}+1\right) \cdot \frac{C_{总}}{W_{总净增}}$$

以 $m=1, 2, 3, \cdots, 10$ 段为例得出的各段单方水成本系数结果见表6.1。

表 6.1　各段单方水成本系数结果表

n\m	1	2	3	4	5	6	7	8	9	10
1	1.000									
2	0.500	1.500								
3	0.333	0.833	1.833							
4	0.250	0.583	1.083	2.083						
5	0.200	0.450	0.783	1.283	2.283					
6	0.167	0.367	0.617	0.950	1.450	2.450				
7	0.143	0.310	0.510	0.760	1.093	1.593	2.593			
8	0.125	0.268	0.435	0.635	0.885	1.218	1.718	2.718		
9	0.111	0.236	0.379	0.546	0.746	0.996	1.329	1.829	2.829	
10	0.100	0.211	0.336	0.479	0.646	0.846	1.096	1.429	1.929	2.929

注　各段单方水成本为该表系数 $\times \frac{C_{总}}{W_{总净增}}$；$C_n = \sum\limits_{i=1}^{n} \frac{W_{n净增}}{\sum\limits_{j=i}^{m} W_{j净增}} \cdot C_i$，$D_n = \frac{C_n}{W_{n净增}}$。

当 $m=1$、2、4、8 段时，不同分段数的供水成本系数比较见表6.2和图6.2。

表6.2　　　　　　　　　　　分段数不同时单方水成本系数比较表

m \ n	1	2	3	4	5	6	7	8
1	1.000	1.000	1.000	1.000	1.000	1.000	1.000	1.000
2	0.500	0.500	0.500	0.500	1.500	1.500	1.500	1.500
4	0.250	0.2500	0.583	0.583	1.083	1.083	2.083	2.083
8	0.125	0.268	0.435	0.635	0.885	1.218	1.718	2.718

2. 沿线成本费用均匀减小的情况

设每段净增供水为 $W_{n净增}$，且每段净增供水相同，即 $W_{1净增} + W_{2净增} + \cdots + W_{n净增} = W_{总净增}$，$W_{1净增} = W_{2净增} = \cdots = W_{n净增} = \dfrac{W_{总净增}}{m}$。

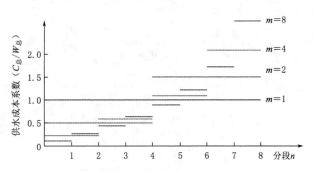

图6.2　单方水成本随分段数变化图

由图6.1（c）知，$C_总 = \dfrac{1}{2}C_0 T$，

当全段分为 m 段时，$C_1 = \left[1 - \dfrac{(m-1)^2}{m^2}\right]C_总 = \dfrac{m^2 - (m-1)^2}{m^2}C_总$，

$$C_2 = \left[\dfrac{(m-1)^2}{m^2} - \dfrac{(m-2)^2}{m^2}\right]C_总 = \dfrac{(m-1)^2 - (m-2)^2}{m^2}C_总，\cdots$$

$$C_n = \left[\dfrac{(m-n+1)^2}{m^2} - \dfrac{(m-n)^2}{m^2}\right]C_总 = \dfrac{(m-n+1)^2 - (m-n)^2}{m^2}C_总，\cdots，C_m = \dfrac{1}{m^2}C_总，$$

即 $C_n - C_{n+1} = \dfrac{2}{m^2}C_总$。

（1）当 $m=1$（从始端至末端共1段）时，$n=1$，

$$C_n = \sum_{i=1}^{n}\dfrac{W_{n净增}}{\sum_{j=i}^{m}W_{j净增}} \cdot C_i，$$ 此式变为 $C_1 = \dfrac{W_{总净增}}{W_{总净增}} \cdot C_总$。

全段单方水成本 $D_1 = \dfrac{C_总}{W_{总净增}} = 1 \cdot \dfrac{C_总}{W_{总净增}}$，即全段单方水成本一样。

（2）当 $m=2$（从始端至末端共分2段）时，$W_{总净增} = W_{1净增} + W_{2净增}$；且 $W_{1净增} = W_{2净增} = \dfrac{1}{2}W_{总净增}$，$C_1 = \dfrac{3}{4}C_总$，$C_2 = \dfrac{1}{4}C_总$。

1）$n=1$ 时

$$C_{1分摊} = \dfrac{W_{1净增}}{W_{1净增} + W_{2净增}} \cdot C_1，$$

$$D_1 = \frac{C_{1分摊}}{W_{1净增}} = \frac{W_{1净增}}{W_{1净增} + W_{2净增}} \cdot \frac{C_1}{W_{1净增}} = \frac{1}{W_{1净增} + W_{2净增}} \cdot C_1 = \frac{3}{4} \cdot \frac{C_总}{W_{总净增}}$$

2）$n=2$ 时

$$C_{2分摊} = \frac{W_{2净增}}{W_{1净增} + W_{2净增}} \cdot C_1 + \frac{W_{2净增}}{W_{2净增}} \cdot C_2$$

$$D_2 = \frac{C_{2分摊}}{W_{2净增}} = \frac{W_{2净增}}{W_{1净增} + W_{2净增}} \cdot \frac{C_1}{W_{2净增}} + \frac{W_{2净增}}{W_{2净增}} \cdot \frac{C_2}{W_{2净增}}$$

$$= \frac{1}{W_{1净增} + W_{2净增}} \cdot C_1 + \frac{1}{W_{2净增}} \cdot C_2 = D_1 + \frac{1}{W_{2净增}} \cdot C_2$$

$$= \frac{3}{4} \frac{C_总}{W_{总净增}} + \frac{2}{4} \frac{C_总}{W_{总净增}} = \frac{5}{4} \frac{C_总}{W_{总净增}}$$

3）验证：$C_总$ 是否保持不变：

$$W_{1净增} \cdot D_1 + W_{2净增} \cdot D_2 = W_{1净增} \times \frac{3}{4} \frac{C_总}{W_{总净增}} + W_{2净增} \times \frac{5}{4} \frac{C_总}{W_{总净增}} = C_总$$

即 $C_总$ 及 $W_{总净增}$ 保持不变。

（3）当 $m=3$（从始端至末端共分 3 段）时，$W_{总净增} = W_{1净增} + W_{2净增} + W_{3净增}$，

$W_{1净增} = W_{2净增} = W_{3净增} = \frac{1}{3} W_{总净增}$；$C_总 = C_1 + C_2 + C_3$，$C_3 = \frac{1}{9} C_总$，$C_2 = \frac{3}{9} C_总$，

$C_1 = \frac{5}{9} C_总$。

1）$n=1$ 时

$$C_{1分摊} = \frac{W_{1净增}}{W_{1净增} + W_{2净增} + W_{3净增}} \cdot C_1$$

$$D_1 = \frac{C_{1分摊}}{W_{1净增}} = \frac{W_{1净增}}{W_{1净增} + W_{2净增} + W_{3净增}} \cdot \frac{C_1}{W_{1净增}} = \frac{1}{W_{1净增} + W_{2净增} + W_{3净增}} \cdot C_1 = \frac{5}{9} \frac{C_总}{W_{总净增}}$$

2）$n=2$ 时

$$C_{2分摊} = \frac{W_{2净增}}{W_{1净增} + W_{2净增} + W_{3净增}} \cdot C_1 + \frac{W_{2净增}}{W_{2净增} + W_{3净增}} \cdot C_2$$

$$D_2 = \frac{C_{2分摊}}{W_{2净增}} = \frac{W_{2净增}}{W_{1净增} + W_{2净增} + W_{3净增}} \cdot \frac{C_1}{W_{2净增}} + \frac{W_{2净增}}{W_{2净增} + W_{3净增}} \cdot \frac{C_2}{W_{2净增}}$$

$$= \frac{1}{W_{1净增} + W_{2净增} + W_{3净增}} \cdot C_1 + \frac{1}{W_{2净增} + W_{3净增}} \cdot C_2$$

$$= D_1 + \frac{1}{W_{2净增} + W_{3净增}} \cdot C_2 = \left(\frac{5}{9} + \frac{3}{2} \times \frac{3}{9} \right) \frac{C_总}{W_{总净增}} = \frac{19}{18} \frac{C_总}{W_{总净增}}$$

3）$n=3$ 时

$$C_{3分摊} = \frac{W_{3净增}}{W_{1净增} + W_{2净增} + W_{3净增}} \cdot C_1 + \frac{W_{3净增}}{W_{2净增} + W_{3净增}} \cdot C_2 + \frac{W_{3净增}}{W_{3净增}} \cdot C_3$$

$$D_3 = \frac{C_{3分摊}}{W_{3净增}} = \frac{W_{3净增}}{W_{1净增}+W_{2净增}+W_{3净增}} \cdot \frac{C_1}{W_{3净增}} + \frac{W_{3净增}}{W_{2净增}+W_{3净增}} \cdot \frac{C_2}{W_{3净增}} + \frac{W_{3净增}}{W_{3净增}} \cdot \frac{C_3}{W_{3净增}}$$

$$= \frac{1}{W_{1净增}+W_{2净增}+W_{3净增}} \cdot C_1 + \frac{1}{W_{2净增}+W_{3净增}} \cdot C_2 + \frac{1}{W_{3净增}} \cdot C_3$$

$$= D_2 + \frac{1}{W_{3净增}} \cdot C_3 = \left(\frac{5}{9} + \frac{3}{2} \times \frac{3}{9} + \frac{3}{9}\right)\frac{C_总}{W_{总净增}} = \frac{25}{9}\frac{C_总}{W_{总净增}}$$

4）验证 $C_总$ 及 $W_{总净增}$ 是否保持不变：

$$W_{1净增} \cdot D_1 + W_{2净增} \cdot D_2 + W_{3净增} \cdot D_3 = C_总$$

即 $C_总$ 及 $W_{总净增}$ 保持不变。

（4）当 $m=4$（从始端至末端共分 4 段）时，$W_{总净增} = W_{1净增}+W_{2净增}+W_{3净增}+W_{4净增}$，$W_{1净增}=W_{2净增}=W_{3净增}=W_{4净增}=\frac{1}{4}W_{总净增}$；

$$C_总 = C_1 + C_2 + C_3 + C_4,\quad C_4 = \frac{1}{16}C_总,\quad C_3 = \frac{3}{16}C_总,\quad C_2 = \frac{5}{16}C_总,\quad C_1 = \frac{7}{16}C_总。$$

1）$n=1$ 时

$$C_{1分摊} = \frac{W_{1净增}}{W_{1净增}+W_{2净增}+W_{3净增}+W_{4净增}} \cdot C_1$$

$$D_1 = \frac{C_{1分摊}}{W_{1净增}} = \frac{W_{1净增}}{W_{1净增}+W_{2净增}+W_{3净增}+W_{4净增}} \cdot \frac{C_1}{W_{1净增}}$$

$$= \frac{1}{W_{1净增}+W_{2净增}+W_{3净增}+W_{4净增}} \cdot C_1 = \frac{7}{16}\frac{C_总}{W_{总净增}}$$

2）$n=2$ 时

$$C_{2分摊} = \frac{W_{2净增}}{W_{1净增}+W_{2净增}+W_{3净增}+W_{4净增}} \cdot C_1 + \frac{W_{2净增}}{W_{2净增}+W_{3净增}+W_{4净增}} \cdot C_2$$

$$D_2 = \frac{C_{2分摊}}{W_{2净增}} = \frac{W_{2净增}}{W_{1净增}+W_{2净增}+W_{3净增}+W_{4净增}} \cdot \frac{C_1}{W_{2净增}} + \frac{W_{2净增}}{W_{2净增}+W_{3净增}+W_{4净增}} \cdot \frac{C_2}{W_{2净增}}$$

$$= \frac{1}{W_{1净增}+W_{2净增}+W_{3净增}+W_{4净增}} \cdot C_1 + \frac{1}{W_{2净增}+W_{3净增}+W_{4净增}} \cdot C_2$$

$$= D_1 + \frac{1}{W_{2净增}+W_{3净增}+W_{4净增}} \cdot C_2 = \left(\frac{7}{16} + \frac{4}{3} \times \frac{5}{16}\right)\frac{C_总}{W_{总净增}} = \frac{41}{48}\frac{C_总}{W_{总净增}}$$

3）$n=3$ 时

$$C_{3分摊} = \frac{W_{3净增}}{W_{1净增}+W_{2净增}+W_{3净增}+W_{4净增}} \cdot C_1 + \frac{W_{3净增}}{W_{2净增}+W_{3净增}+W_{4净增}} \cdot C_2 +$$

$$\frac{W_{3净增}}{W_{3净增}+W_{4净增}} \cdot C_3$$

$$D_3 = \frac{C_{3分摊}}{W_{3净增}} = \frac{W_{3净增}}{W_{1净增}+W_{2净增}+W_{3净增}+W_{4净增}} \cdot \frac{C_1}{W_{3净增}} +$$

$$\frac{W_{3净增}}{W_{2净增}+W_{3净增}+W_{4净增}} \cdot \frac{C_2}{W_{3净增}} + \frac{W_{3净增}}{W_{3净增}+W_{4净增}} \cdot \frac{C_3}{W_{3净增}}$$

$$= \frac{1}{W_{1净增}+W_{2净增}+W_{3净增}+W_{4净增}} \cdot C_1 + \frac{1}{W_{2净增}+W_{3净增}+W_{4净增}} \cdot C_2 +$$

$$\frac{1}{W_{3净增}+W_{4净增}} \cdot C_3$$

$$= D_2 + \frac{1}{W_{3净增}+W_{4净增}} \cdot C_3 = \left(\frac{41}{48}+\frac{4}{2}\times\frac{3}{16}\right)\frac{C_总}{W_{总净增}} = \frac{59}{48}\frac{C_总}{W_{总净增}}$$

4）$n=4$ 时

$$C_{4分摊} = \frac{W_{4净增}}{W_{1净增}+W_{2净增}+W_{3净增}+W_{4净增}} \cdot C_1 + \frac{W_{4净增}}{W_{2净增}+W_{3净增}+W_{4净增}} \cdot C_2$$

$$+ \frac{W_{4净增}}{W_{3净增}+W_{4净增}} \cdot C_3 + \frac{W_{4净增}}{W_{4净增}} \cdot C_4$$

$$D_4 = \frac{C_{4分摊}}{W_{4净增}} = \frac{W_{4净增}}{W_{1净增}+W_{2净增}+W_{3净增}+W_{4净增}} \cdot \frac{C_1}{W_{4净增}} +$$

$$\frac{W_{4净增}}{W_{2净增}+W_{3净增}+W_{4净增}} \cdot \frac{C_2}{W_{4净增}} + \frac{W_{4净增}}{W_{3净增}+W_{4净增}} \cdot \frac{C_3}{W_{4净增}} + \frac{W_{4净增}}{W_{4净增}} \cdot \frac{C_4}{W_{4净增}}$$

$$= \frac{C_1}{W_{1净增}+W_{2净增}+W_{3净增}+W_{4净增}} + \frac{C_2}{W_{2净增}+W_{3净增}+W_{4净增}} + \frac{C_3}{W_{3净增}+W_{4净增}} + \frac{C_4}{W_{4净增}}$$

$$= D_3 + \frac{1}{W_{4净增}} \cdot C_4 = \left(\frac{59}{48}+\frac{4}{16}\right)\frac{C_总}{W_{总净增}} = \frac{71}{48}\frac{C_总}{W_{总净增}}$$

5）验证 $C_总$ 及 $W_{总净增}$ 是否保持不变：

$$W_{1净增} \cdot D_1 + W_{2净增} \cdot D_2 + W_{3净增} \cdot D_3 + W_{4净增} \cdot D_4 = C_总$$

即 $C_总$ 及 $W_{总净增}$ 保持不变。

（5）当全段划分为 m 段（从始端至末端共分 m 段）时，$W_{总净增}=W_{1净增}+W_{2净增}+\cdots+W_{m净增}$，$W_{1净增}=W_{2净增}=\cdots=W_{m净增}=\frac{1}{m}W_{总净增}$；

$C_总=C_1+C_2+\cdots+C_m$，当全段分为 m 段时，$C_1=\left[1-\frac{(m-1)^2}{m^2}\right]C_总=\frac{m^2-(m-1)^2}{m^2}C_总$，

$$C_2 = \left[\frac{(m-1)^2}{m^2}-\frac{(m-2)^2}{m^2}\right]C_总 = \frac{(m-1)^2-(m-2)^2}{m^2}C_总,\cdots,C_n = \left[\frac{(m-n+1)^2}{m^2}-\frac{(m-n)^2}{m^2}\right]C_总$$

$$= \frac{(m-n+1)^2-(m-n)^2}{m^2}C_总,\cdots,C_m = \frac{1}{m^2}C_总,\text{ 即 } C_n-C_{n+1} = \frac{2}{m^2}C_总。$$

1）$n=1$ 时

$$C_{1分摊} = \frac{W_{1净增}}{W_{1净增}+W_{2净增}+\cdots+W_{m净增}} \cdot C_1,$$

$$D_1 = \frac{C_{1分摊}}{W_{1净增}} = \frac{W_{1净增}}{W_{1净增}+W_{2净增}+\cdots+W_{m净增}} \cdot \frac{C_1}{W_{1净增}} = \frac{1}{W_{1净增}+W_{2净增}+\cdots+W_{m净增}} \cdot C_1$$

$$= \frac{m^2-(m-1)^2}{m^2} \cdot \frac{C_总}{W_{总净增}}$$

2) $n=2$ 时

$$C_{2分摊}=\frac{W_{2净增}}{W_{1净增}+W_{2净增}+\cdots+W_{m净增}}\cdot C_1+\frac{W_{2净增}}{W_{1净增}+W_{2净增}+\cdots+W_{m净增}}\cdot C_2$$

$$D_2=\frac{C_{2分摊}}{W_{2净增}}=\frac{W_{2净增}}{W_{1净增}+W_{2净增}+\cdots+W_{m净增}}\cdot\frac{C_1}{W_{2净增}}+$$

$$\frac{W_{2净增}}{W_{2净增}+W_{3净增}+\cdots+W_{m净增}}\cdot\frac{C_2}{W_{2净增}}$$

$$=\frac{1}{W_{1净增}+W_{2净增}+\cdots+W_{m净增}}\cdot C_1+\frac{1}{W_{2净增}+W_{3净增}+\cdots+W_{m净增}}\cdot C_2$$

$$=D_1+\frac{1}{W_{2净增}+W_{3净增}+\cdots+W_{m净增}}\cdot C_2$$

$$=\left(\frac{m^2-(m-1)^2}{m^2}+\frac{m}{m-1}\cdot\frac{(m-1)^2-(m-2)^2}{m^2}\right)\cdot\frac{C_总}{W_{总净增}}$$

...

3) $n=n$ 时

$$C_{n分摊}=\frac{W_{n净增}}{W_{1净增}+W_{2净增}+\cdots+W_{m净增}}\cdot C_1+\frac{W_{n净增}}{W_{2净增}+W_{3净增}+\cdots+W_{m净增}}\cdot C_2+\cdots$$

$$+\frac{W_{n净增}}{W_{n净增}+W_{(n+1)净增}+\cdots+W_{m净增}}\cdot C_n$$

$$D_n=\frac{C_{n分摊}}{W_{n净增}}=\frac{W_{n净增}}{W_{1净增}+W_{2净增}+\cdots+W_{m净增}}\cdot\frac{C_1}{W_{n净增}}+$$

$$\frac{W_{n净增}}{W_{2净增}+W_{3净增}+\cdots+W_{m净增}}\cdot\frac{C_2}{W_{n净增}}+\cdots+\frac{W_{n净增}}{W_{n净增}+W_{(n+1)净增}+\cdots+W_{m净增}}\cdot\frac{C_n}{W_{n净增}}$$

$$=\frac{1}{W_{1净增}+W_{2净增}+\cdots+W_{m净增}}\cdot C_1+\frac{1}{W_{2净增}+W_{3净增}+\cdots+W_{m净增}}\cdot C_2+\cdots$$

$$+\frac{1}{W_{n净增}+W_{(n+1)净增}+\cdots+W_{m净增}}\cdot C_n=D_{(n-1)}+\frac{1}{W_{n净增}+W_{(n+1)净增}+\cdots+W_{m净增}}\cdot C_n$$

$$=\left[\frac{m^2-(m-1)^2}{m^2}+\frac{m}{m-1}\cdot\frac{(m-1)^2-(m-2)^2}{m^2}+\cdots+\frac{m}{m-n+1}\cdot\frac{(m-n+1)^2-(m-n)^2}{m^2}\right]\cdot\frac{C_总}{W_{总净增}}$$

4) $n=m$ 时

$$C_{m分摊}=\frac{W_{m净增}}{W_{1净增}+W_{2净增}+\cdots+W_{m净增}}\cdot C_1+\frac{W_{m净增}}{W_{2净增}+W_{3净增}+\cdots+W_{m净增}}\cdot C_2$$

$$+\cdots+\frac{W_{m净增}}{W_{n净增}+W_{(n+1)净增}+\cdots+W_{m净增}}\cdot C_n+\cdots+\frac{W_{m净增}}{W_{m净增}}\cdot C_m$$

$$D_m=\frac{C_{m分摊}}{W_{m净增}}=\frac{W_{m净增}}{W_{1净增}+W_{2净增}+\cdots+W_{m净增}}\cdot\frac{C_1}{W_{m净增}}+$$

$$\frac{W_{m净增}}{W_{2净增}+W_{3净增}+\cdots+W_{m净增}}\cdot\frac{C_2}{W_{m净增}}+\cdots+\frac{W_{m净增}}{W_{n净增}+W_{(n+1)净增}+\cdots+W_{m净增}}\cdot\frac{C_n}{W_{m净增}}$$

$$+\cdots+\frac{W_{m净增}}{W_{m净增}}\cdot\frac{C_m}{W_{m净增}}$$

$$= \frac{1}{W_{1净增}+W_{2净增}+\cdots+W_{m净增}} \cdot C_1 + \frac{1}{W_{2净增}+W_{3净增}+\cdots+W_{m净增}} \cdot C_2$$

$$+\cdots+\frac{1}{W_{n净增}+W_{(n+1)净增}+\cdots+W_{m净增}} \cdot C_n +\cdots+\frac{1}{W_{m净增}} \cdot C_m = D_{m-1}+\frac{1}{W_{m净增}} \cdot C_m$$

$$= \left[\frac{m^2-(m-1)^2}{m^2}+\frac{m}{m-1} \cdot \frac{(m-1)^2-(m-2)^2}{m^2}+\cdots+\frac{m}{m-n+1}\times \right.$$

$$\left. \frac{(m-n+1)^2-(m-n)^2}{m^2}+\cdots+\frac{m}{m^2} \right] \cdot \frac{C_总}{W_{总净增}}$$

以 $m=1$，2，3，$\cdots$，10 段为例得出的单方水成本系数结果见表6.3。

表6.3　　　沿线成本费用均匀减小情况下各段单方水成本系数结果表

m \\ n	1	2	3	4	5	6	7	8	9	10
1	1.000									
2	0.750	1.250								
3	0.556	1.056	1.389							
4	0.438	0.854	1.229	1.479						
5	0.360	0.710	1.043	1.343	1.543					
6	0.306	0.606	0.897	1.175	1.425	1.592				
7	0.265	0.527	0.784	1.034	1.272	1.487	1.629			
8	0.234	0.467	0.696	0.921	1.139	1.348	1.535	1.660		
9	0.210	0.418	0.625	0.828	1.028	1.222	1.408	1.575	1.686	
10	0.190	0.379	0.567	0.752	0.935	1.115	1.290	1.457	1.607	1.707

注　各段单方水成本为该表系数 $\times \frac{C_总}{W_{总净增}}$；$C_n = \sum\limits_{i=1}^{n} \frac{W_{n净增}}{\sum\limits_{j=1}^{n} W_{j净增}} \cdot C_i$，$D_n = \frac{D_n}{W_{n净增}}$。

$m=1$、2、4、8 段时，不同分段时单方水成本比较见表6.4和图6.3。

表6.4　　　沿线成本费用均匀减小情况下不同分段时单方水成本系数比较表

m \\ n	1	2	3	4	5	6	7	8
1	1.000	1.000	1.000	1.000	1.000	1.000	1.000	1.000
2	0.7500	0.750	0.750	0.750	1.250	1.250	1.250	1.250
4	0.438	0.438	0.854	0.854	1.229	1.229	1.479	1.479
8	0.234	0.467	0.696	0.921	1.139	1.348	1.535	1.660

从以上分析计算可以看出，在调水工程无分支、均匀比例投资、均匀供水、均匀损失、均匀分段，全段总成本费用 $C_总$、全段（从始端至末端）总净增供水量 $W_{总净增}$ 一定的情况下，随着分段的增加，沿程单方水成本系数是变化的。

通过分析计算不难看出，对于某一具体地点，计算时分段数量不同，其单方水成本系数是不同的，有时可能还有较大差别。这说明按

公式 $C_n = \sum\limits_{i=1}^{n} \dfrac{W_{n净增}}{\sum\limits_{j=i}^{m} W_{j净增}} \cdot C_i$ 及 D_n

$\dfrac{C_n}{W_{n净增}}$ 计算单方水的成本时，其结果

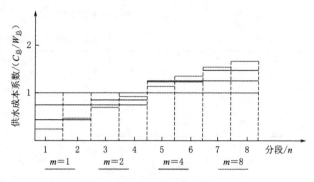

图 6.3　$m=1$、2、4、8 时各段供水成本系数图

随着分段数的不同而变化。也就是说，对于某一固定的地方，其单方水成本随计算时分段数量的不同而变化，从而造成该地单方水成本具有一定的不确定性。

6.2.2　按折算水量分摊公式计算与分析

6.2.2.1　折算水量分摊公式

输水损失采用净增供水量比例分摊的计算见式（6.8），各区段的折算水量为该区段净增供水量与分摊的损失水量之和，见式（6.9）。

$$W_{n分摊损失} = \sum_{i=1}^{n} \frac{W_{n净水量}}{\sum\limits_{j=i}^{m} W_{j净水量}} \cdot W_{i损失} \tag{6.8}$$

$$W_n = W_{n分摊损失} + W_{n净水量} \tag{6.9}$$

式中：$W_{n分摊损失}$ 为第 n 段分摊的损失水量，m^3；$W_{n净水量}$ 为第 n 段的净增供水量，m^3；$W_{j净水量}$ 为第 j 段的净增供水量，m^3；$W_{i损失}$ 为第 i 段的输水损失，m^3；W_n 为第 n 段的折算水量，m^3；n 为调水方向分摊区段的编号；m 为区段划分总数。

6.2.2.2　单方水成本分析计算

假设 $C_总$、$W_总$、$W_{总净增}$、$W_{总损失}$ 不变，且均匀分段，各段净增供水量也一样，设调水工程分为 m 段。

1. 成本及水量损失沿线均匀一致的情况

（1）折算水量计算。

设全段（从始端至末端）分 m（$n=1,2,3,\cdots,m$）段，则第 n 段的折算水量推导过程如下：

$$W_{1净增} + W_{2净增} + \cdots + W_{n净增} = W_{总净增}, \quad W_{1净增} = W_{2净增} = \cdots = W_{n净增} = \frac{W_{总净增}}{m}$$

$$W_n = W_{n分摊损失} + W_{n净增} = W_{n净增} + \frac{1}{m}W_{1损失} + \frac{1}{m-1}W_{2损失} + \cdots + \frac{1}{m-(n-1)}W_{n损失}$$

$$= W_{n净增} + \left(\frac{1}{m} + \frac{1}{m-1} + \cdots + \frac{1}{m-(n-1)} \right) \frac{W_{总损失}}{m}$$

假设全段总供水量为 $W_总$，全段输水损失系数为 α，则 $W_{总损失} = \alpha W_总$，每段折算水量采用 6.1 节中求各区段分摊成本 C_n 同样的办法进行计算。

仍以 $m=1$，2，$\cdots$，10 为例进行分析计算，得出各段 f 值，见表6.5。

表6.5　　　　　　　　　　　　　各段 f 值计算结果表

m＼n	1	2	3	4	5	6	7	8	9	10
1	1.000									
2	0.500	1.500								
3	0.333	0.833	1.833							
4	0.250	0.583	1.083	2.083						
5	0.200	0.450	0.783	1.283	2.283					
6	0.167	0.367	0.617	0.950	1.450	2.450				
7	0.143	0.310	0.510	0.760	1.093	1.593	2.593			
8	0.125	0.268	0.435	0.635	0.885	1.218	1.718	2.718		
9	0.111	0.236	0.379	0.546	0.746	0.996	1.329	1.829	2.829	
10	0.100	0.211	0.336	0.479	0.646	0.846	1.096	1.429	1.929	2.929

以 $m=10$ 为例，按照折算水量计算公式得到的每段的分摊损失水量及每段的折算水量见表6.6。

表6.6　　　　　　　　　　$m=10$ 时每段的分摊损失水量及折算水量

n	1	2	3	4	5
各段损失系数（$\times \alpha/10$）	0.100	0.211	0.336	0.479	0.646
折算水量	$1-0.900\alpha$	$1-0.789\alpha$	$1-0.664\alpha$	$1-0.521\alpha$	$1-0.354\alpha$
n	6	7	8	9	10
各段损失系数（$\times \alpha/10$）	0.846	1.096	1.429	1.929	2.929
折算水量	$1-0.154\alpha$	$1+0.096\alpha$	$1+0.429\alpha$	$1+0.929\alpha$	$1+1.929\alpha$

（2）单方水成本计算。

1）组合一。

调水工程成本分摊公式为

$$C_n = \sum_{i=1}^{n} \frac{W_n}{\sum\limits_{j=i}^{m} W_j} \cdot C_i \tag{6.10}$$

单方水成本公式为

$$D_n = \frac{C_n}{W_n} \tag{6.11}$$

式中：C_n 为第 n 段分摊的总供水成本费用，元；C_i 为第 i 段分摊的供水成本费用，元；W_n 为第 n 段的折算供水量，m^3；W_j 为第 j 段的折算水量，m^3；D_n 为第 n 区段单方水成本，元/m^3；n、m 意义同前。

成本分摊公式及单方水成本分摊计算仍以 $m=10$（$n=1,2,\cdots,10$）段为例。应用式（6.10）和式（6.11）分析计算各段的单方水成本如下。

第 1 段，$n=1$ 时的折算水量、分摊的成本及单方水成本分别为

$$W_{1折}=W_{1净增}+\frac{1}{10}\frac{W_{总损失}}{10}$$

$$C_1=\frac{W_{1净增}+\dfrac{1}{10}\dfrac{W_{总损失}}{10}}{W_{总}}\cdot\frac{C_{总}}{10}$$

$$D_1=\frac{W_{1净增}+\dfrac{1}{10}\dfrac{W_{总损失}}{10}}{W_{总}}\cdot\frac{C_{总}}{10}\bigg/\left(W_{1净增}+\frac{1}{10}\frac{W_{总损失}}{10}\right)=\frac{C_{总}}{10W_{总}}$$

第 2 段，$n=2$ 时的折算水量、分摊的成本及单方水成本分别为

$$W_{2折}=\left(\frac{1}{10}+\frac{1}{9}\right)\frac{W_{总损失}}{10}+W_{2净增}$$

$$C_2=\frac{W_{2折}}{W_{总}}\cdot\frac{C_{总}}{10}+\frac{W_{2折}}{W_{总}-W_{1折}}\cdot\frac{C_{总}}{10}$$

$$D_2=\left(\frac{W_{2折}}{W_{总}}\cdot\frac{C_{总}}{10}+\frac{W_{2折}}{W_{总}-W_{1折}}\cdot\frac{C_{总}}{10}\right)\cdot\frac{1}{W_{2折}}=\frac{1}{W_{总}}\cdot\frac{C_{总}}{10}+\frac{1}{W_{总}-W_{1折}}\cdot\frac{C_{总}}{10}$$

第 3 段，$n=3$ 时的折算水量、分摊的成本及单方水成本分别为

$$W_{3折}=\left(\frac{1}{10}+\frac{1}{9}+\frac{1}{8}\right)\frac{W_{总损失}}{10}+W_{3净增}$$

$$C_3=\frac{W_{3折}}{W_{总}}\cdot\frac{C_{总}}{10}+\frac{W_{3折}}{W_{总}-W_{1折}}\cdot\frac{C_{总}}{10}+\frac{W_{3折}}{W_{总}-W_{1折}-W_{2折}}\cdot\frac{C_{总}}{10}$$

$$D_3=\frac{C_3}{W_{3折}}=\frac{1}{W_{总}}\cdot\frac{C_{总}}{10}+\frac{1}{W_{总}-W_{1折}}\cdot\frac{C_{总}}{10}+\frac{1}{W_{总}-W_{1折}-W_{2折}}\cdot\frac{C_{总}}{10}$$

$\cdots$

依此类推，第 n 段的单方水成本＝第 $n-1$ 段的单方水成本＋该段的成本/（总的水量－前面分摊的折算水量），即

$$D_n=D_{n-1}+\frac{C_n}{W_{总}-(W_{1折}+W_{2折}+W_{3折}+\cdots+W_{(n-1)折})}$$

或

$$D_n=D_{n-1}+\frac{C_{n总}}{10}\cdot\frac{1}{W_{总}-(W_{1折}+W_{2折}+W_{3折}+\cdots+W_{(n-1)折})}$$

现给出 $\alpha=0.2$ 和 $\alpha=0.3$ 时各段分摊损失水量、折算水量及单方水成本见表 6.7 和表 6.8。

表 6.7　　　　　$\alpha=0.2$ 时各段分摊损失水量、折算水量及单方水成本

段	1	2	3	4	5	6	7	8	9	10
各段损失系数	0.020	0.042	0.067	0.096	0.129	0.169	0.219	0.286	0.386	0.586
折算水量	0.0820	0.0842	0.0867	0.0896	0.0929	0.0969	0.1019	0.1086	0.1186	0.1386
单方水成本	0.1000	0.2089	0.3289	0.4627	0.6148	0.7920	1.0058	1.2792	1.6681	2.3897

表 6.8 $\alpha=0.3$ 时各段分摊损失水量、折算水量及单方水成本

段	1	2	3	4	5	6	7	8	9	10
各段损失系数	0.030	0.063	0.101	0.144	0.194	0.254	0.329	0.429	0.579	0.879
折算水量	0.0730	0.0763	0.0801	0.0844	0.0894	0.0954	0.1029	0.1129	0.1279	0.1579
单方水成本	0.1000	0.2079	0.3254	0.4552	0.6009	0.7685	0.9679	1.2188	1.5687	2.2022

当 $m=1, 2, \cdots, 10$ 时,各段折算水量计算结果见表 6.9。

表 6.9 折算水量计算结果表（$\times W_{总}$）

段	1	2	3	4	5	6	7	8	9	10
1	1									
2	0.45	0.55								
3	0.289	0.322	0.389							
4	0.213	0.229	0.254	0.304						
5	0.168	0.178	0.191	0.211	0.251					
6	0.139	0.146	0.154	0.165	0.182	0.215				
7	0.118	0.123	0.129	0.136	0.146	0.160	0.188			
8	0.103	0.107	0.111	0.116	0.122	0.130	0.143	0.168		
9	0.091	0.094	0.097	0.101	0.105	0.111	0.118	0.130	0.152	
10	0.082	0.084	0.087	0.090	0.093	0.097	0.102	0.109	0.119	0.139

当 $m=1, 2, \cdots, 10$ 时,以折算水量为基础的单方水成本系数计算结果见表 6.10。

表 6.10 各段单方水成本系数计算结果表（各段单方水成本为该表系数 $\times \dfrac{C_{总}}{W_{总}}$）

段	1	2	3	4	5	6	7	8	9	10
1	1.000									
2	0.500	1.409								
3	0.333	0.802	1.659							
4	0.250	0.567	1.015	1.837						
5	0.200	0.440	0.746	1.178	1.974					
6	0.167	0.360	0.593	0.890	1.310	2.085				
7	0.143	0.305	0.493	0.720	1.009	1.420	2.178			
8	0.125	0.264	0.423	0.607	0.828	1.112	1.514	2.258		
9	0.111	0.233	0.370	0.525	0.705	0.923	1.201	1.596	2.328	
10	0.100	0.209	0.329	0.463	0.615	0.792	1.006	1.279	1.668	2.390

注 $C_n = \sum\limits_{i=1}^{n} \dfrac{W_{n折}}{\sum\limits_{j=i}^{m} W_{j折}} \cdot C_i$，$D_n = \dfrac{C_n}{W_{n折}}$，全段损失系数 $\alpha=0.2$。

2) 组合二。调水工程成本分摊公式为

$$C_n = \sum_{i=1}^{n} \frac{W_n}{\sum\limits_{j=i}^{m} W_j} \cdot C_i \qquad (6.12)$$

单方水供水成本公式为

$$D_n = \frac{C_n}{W_{n净增}} \qquad (6.13)$$

式中：C_n 为第 n 段分摊的供水成本费用，元；C_i 为第 i 段分摊的供水成本费用，元；W_n 为第 n 段的折算供水量，m^3；$W_{n净增}$ 为第 n 段的净增供水量，m^3；W_j 为第 j 段的折算水量，m^3；D_n 为第 n 区段单方水成本，元/m^3；n、m 意义同前。

单方水成本计算系数计算结果见表 6.11。

表 6.11 单方水成本计算系数计算结果表（各段单方水成本为该表系数 $\times \dfrac{C_总}{W_总}$）

n / m	1	2	3	4	5	6	7	8	9	10
1	1.250									
2	0.563	1.938								
3	0.361	0.969	2.420							
4	0.266	0.650	1.290	2.794						
5	0.210	0.490	0.892	1.557	3.101					
6	0.174	0.393	0.685	1.101	1.785	3.362				
7	0.148	0.328	0.556	0.857	1.285	1.985	3.590			
8	0.129	0.282	0.468	0.703	1.011	1.450	2.164	3.792		
9	0.114	0.247	0.405	0.596	0.836	1.152	1.600	2.325	3.974	
10	0.103	0.220	0.357	0.518	0.714	0.959	1.281	1.736	2.472	4.139

注 $C_n = \sum\limits_{i=1}^{n} \dfrac{W_{n折}}{\sum\limits_{j=i}^{m} W_{j折}} \cdot C_i$，$D_n = \dfrac{C_n}{W_{n净增}}$，全段损失系数 $\alpha = 0.2$。

从以上分析可以证明，在总成本、总供水量及总损失量一定的情况下，各区间的单方水成本随分段数的变化而变化。

2. 成本及水量损失沿线不均匀一致的情况

同理，可以推导成本及损失沿线不均匀情况下各区间的单方水成本随分段数的变化而变化，本书不再详述。

6.2.3 水利工程供水价格核算办法中的公式

该公式参见《水利工程供水价格核算研究》（郑通汉、王文生主编，中国水利水电出版社，2008）第 108 页。

$$C_n = C_y \cdot \frac{W_n}{\sum\limits_{k=1}^{m} W_k} + \sum\limits_{i=1}^{n} \frac{W_n}{\sum\limits_{j=i}^{m} W_j} \cdot C_i + C_z \tag{6.14}$$

式中：C_n 为第 n 段口门间分摊的成本费用，元；C_y 为水源工程供水成本费用，元；C_i 为第 i 段参加分摊的共用工程供水成本费用，元；C_z 为第 n 段专用工程供水成本费用，元；W_n 为第 n 段的口门出水量，m^3；n 为沿调水方向自上游向下游分摊区段的编号；m 为区段划分总数；k、i、j 为计算区段；$\sum\limits_{k=1}^{m} W_k$ 为总供水量，m^3/s；$\sum\limits_{j=i}^{m} W_j$ 为第 j 段及以后的各段供水量之和，m^3/s。

通过分析式（6.14）对第 n 段口门间分摊的成本费用不难看出，实际上该公式与前面的式（6.6）及式（6.10）表达的分摊思路一致，此处不再详述。

6.3　成本分摊公式的问题

目前采用的成本分摊公式（包括水量分摊公式）存在的主要问题是"分段数不同，向后边段分摊的次数也不同；随着分段数增加，向后边段分摊的次数也不断增加，后边段承担的分摊量就越大"。也就是说对于某一固定的地方，其单方水成本随计算时分段数量的不同而变化，因而造成单方水成本具有一定的不确定性。

6.3.1　从实例角度分析

将公式组 $C_n = \sum\limits_{i=1}^{n} \dfrac{W_{n净增}}{\sum\limits_{j=i}^{m} W_{j净增}} \cdot C_i$，$D_n = \dfrac{C_n}{W_{n净增}}$ 作为公式组一；将公式组 $C_n =$

$\sum\limits_{i=1}^{n} \dfrac{W_{n折}}{\sum\limits_{j=i}^{m} W_{j折}} \cdot C_i$，$D_n = \dfrac{C_n}{W_{n折}}$ 作为公式组二；将公式组 $C_n = \sum\limits_{i=1}^{n} \dfrac{W_{n折}}{\sum\limits_{j=i}^{m} W_{j折}} \cdot C_i$，$D_n =$

$\dfrac{C_n}{W_{n净增}}$ 作为公式组三。

从表 6.1 可以看出，供水工程全线各地单方水的成本系数随分段的变化而变化，前段随分段数的增加单方水成本逐渐减小，而后端的单方水成本系数呈非线性增加。表 6.12 列出了 $m=1, 2, 3, \cdots, 10$ 段时各公式组在分段数变化下的工程末端单方水成本系数对首段的比值。

表 6.12　　　　　　分段数变化下的工程末端单方水成本系数对首端的比值

公式\分段	公式组一			公式组二			公式组三		
	单方水成本系数		比值（末端/首段）	单方水成本系数		比值（末端/首段）	单方水成本系数		比值（末端/首段）
	首段	末端		首段	末端		首段	末端	
1	1.000	1.000	1.000	1.000	1.000	1.000	1.250	1.250	1.000
2	0.500	1.500	3.000	0.500	1.409	2.818	0.563	1.938	3.444

| 公式 | 公 式 组 一 | | | 公 式 组 二 | | | 公 式 组 三 | | |
| | 单方水成本系数 | | 比值（末端/首段） | 单方水成本系数 | | 比值（末端/首段） | 单方水成本系数 | | 比值（末端/首段） |
分段	首段	末端		首段	末端		首段	末端	
3	0.333	1.833	5.505	0.333	1.659	4.978	0.361	2.420	6.701
4	0.250	2.083	8.332	0.250	1.837	7.349	0.267	2.794	10.519
5	0.200	2.283	11.415	0.200	1.974	9.871	0.210	3.101	14.768
6	0.167	2.450	14.671	0.167	2.085	12.511	0.174	3.362	19.368
7	0.143	2.593	18.133	0.143	2.178	15.247	0.148	3.590	24.264
8	0.125	2.718	21.744	0.125	2.258	18.064	0.129	3.792	29.419
9	0.111	2.829	25.486	0.111	2.328	20.950	0.114	3.974	34.800
10	0.100	2.929	29.290	0.100	2.390	23.897	0.103	4.139	40.385

注　假设成本及水量损失沿线均匀一致。

从表 6.12 和图 6.4 可以看出，随着分段数的增加，后端单方水成本增加的速度最快的为公式组三，其次为公式组一，再次为公式组二。

从公式组一结果表 6.1、公式组二结果表 6.7、公式组三结果表 6.8 可以看出，无论采用哪个组合公式，其费用分摊的核心思想是一致的，即非线性分摊。这种分摊出现的结果是在全段总成本费用 $C_{总}$、全段（从首段至末端）总净增供水量 $W_{总净增}$、$W_{总损失}$ 一定的情况下，随着分段的增加，后端的单方水成本呈非线性增加，且增加较快。对于某一具体地点，计算时分段数量不同，单方水成本是不同

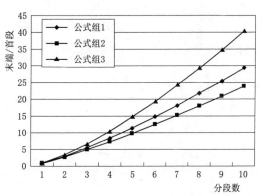

图 6.4　分段数变化下各组公式的
后端单方水成本增加速度

的，有时可能还有较大差别。对于这种情况，到底分几段合理？这是一个令人困惑的问题。

6.3.2　从收敛性的角度分析

由以上分析可知，单方水成本计算的分摊公式有多种变形，但其一般形式可表示为

$$\begin{cases} C_n = \sum_{i=1}^{n} \dfrac{W_n}{\sum_{j=i}^{m} W_j} \cdot C_i \\ D_n = \dfrac{C_n}{W_n} \end{cases} \tag{6.15}$$

式中符号意义同前。

为简化分析，假定供水工程干线均匀分为 m 段，每段供水成本均为 C，输水损失系

数为 α，每段的净增供水量为 W，则每段实际进入水量为 $W_{毛} = \dfrac{W}{1-\alpha}$，每段输水损失为

$W_{损} = \dfrac{\alpha}{1-\alpha}W$，第 n 段的折算水量为

$$W_n = W + \frac{\alpha}{1-\alpha}\left(\frac{1}{m} + \frac{1}{m-1} + \frac{1}{m-2} + \cdots + \frac{1}{m-(n-1)}\right)W \tag{6.16}$$

由式（6.15）和式（6.16）可以推求得各段的投资分摊情况：

$$C_1 = \frac{W_1}{W_1 + W_2 + \cdots + W_m} \cdot C_1 = \frac{1 + \dfrac{\alpha}{1-\alpha}\left(\dfrac{1}{m}\right)}{\left(1 + \dfrac{\alpha}{1-\alpha}\right)m} \cdot C$$

$$C_2 = \frac{W_2}{W_1 + W_2 + \cdots + W_m} \cdot C_1 + \frac{W_2}{W_2 + W_3 + \cdots + W_m} \cdot C_2$$

$$= \frac{1 + \dfrac{\alpha}{1-\alpha}\left(\dfrac{1}{m} + \dfrac{1}{m-1}\right)}{\left(1 + \dfrac{\alpha}{1-\alpha}\right)m} \cdot C + \frac{1 + \dfrac{\alpha}{1-\alpha}\left(\dfrac{1}{m} + \dfrac{1}{m-1}\right)}{\left(1 + \dfrac{\alpha}{1-\alpha} + \dfrac{\alpha m}{1-\alpha}\right)(m-1)} \cdot C$$

...

$$C_n = \frac{W_n}{W_1 + W_2 + \cdots + W_m} \cdot C_1 + \frac{W_n}{W_2 + W_3 + \cdots + W_m} \cdot C_2 + \cdots + \frac{W_n}{W_2 + W_3 + \cdots + W_m} \cdot C_n$$

$$= \frac{1 + \dfrac{\alpha}{1-\alpha}\left(\dfrac{1}{m} + \dfrac{1}{m-1}\right)}{\left(1 + \dfrac{\alpha}{1-\alpha}\right)m} \cdot C + \frac{1 + \dfrac{\alpha}{1-\alpha}\left(\dfrac{1}{m} + \dfrac{1}{m-1}\right)}{\left(1 + \dfrac{\alpha}{1-\alpha} + \dfrac{\alpha m}{1-\alpha}\right)(m-1)} \cdot C + \cdots + \frac{1 + \dfrac{\alpha}{1-\alpha}\left(\dfrac{1}{m} + \dfrac{1}{m-1}\right)}{\left(1 + \dfrac{\alpha}{1-\alpha} + \dfrac{\alpha m}{1-\alpha}\right)(m-n)} \cdot C$$

$$= CW\left(1 + \frac{\alpha}{1-\alpha}\sum_{i=m-n+1}^{m}\frac{1}{i}\right)\sum_{i=m-n+1}^{m}\frac{1}{\sum_{j=1}^{m}W_j}$$

观察 C_n 表达式，其中含有级数 $\displaystyle\sum_{i=m-n+1}^{m}\frac{1}{i}$，对更一般的形式 $\displaystyle\sum_{i=1}^{\infty}\frac{1}{n^p}$，当 $p \leqslant 1$ 时，

该级数发散的。$\displaystyle\sum_{i=m-n+1}^{m}\frac{1}{i}$ 是当 $p=1$ 时的特殊形式，因此，C_n 也不收敛。这就说明，虽然工程的 $C_{总}$ 和 $W_{总}$ 已定，但各段的工程分摊 C_n 不是固定的，会随着分段数的变化呈现非线性的变化，而且不收敛。

对其他形式的分摊公式也可按此方法证明其不收敛。

第7章　基于成本-水量沿程变化的单方水供水成本计算方法

第6章中介绍了基于成本分摊公式的单方水供水成本，但其计算公式存在不收敛的问题。针对此问题，本章将进行深入的研究与探讨。

7.1　以平均供水成本沿程变化曲线为基础的计算方法

7.1.1　单方水的全线平均供水成本曲线（折线）

以水源处为起点，沿供水干渠水流方向为 x 方向，对于干线工程而言，从水源处到干线工程某一点 a 的区间用（0，a）表示，如图7.1所示。

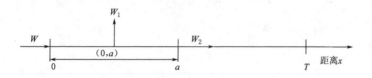

图 7.1　连续形式示意图

在（0，a）区间内，供水成本的平衡式为

$$D(0,a)\int_0^a g(x)\mathrm{d}x + D(0,a)\int_a^T g(x)\mathrm{d}x = \int_0^a [y(x)+z(x)]\mathrm{d}x$$

上式中右侧表示（0，a）区间内的运行费和折旧费，即总成本费用；左侧第一部分表示（0，a）区间内供水量消耗的成本费用，第二部分表示向下游的供水量消耗的成本费用。

由上式有：

$$D(0,a) = \frac{\int_0^a [y(x)+z(x)]\mathrm{d}x}{\int_0^a g(x)\mathrm{d}x + \int_a^T g(x)\mathrm{d}x} = \frac{\int_0^a [y(x)+z(x)]\mathrm{d}x}{\int_0^T g(x)\mathrm{d}x}$$

$$= \frac{\int_0^a [y(x)+z(x)]\mathrm{d}x}{W} \tag{7.1}$$

式中：$y(x)$ 为供水工程干线运行费沿程分布函数；$z(x)$ 为供水工程干线折旧费沿程分

41

布函数；$g(x)$ 为供水工程干线供水量沿程分布函数；$D(0,a)$ 为供水工程干线（0，a）区间内单方水的平均供水成本；T 为供水工程干线总长度；W 为供水工程沿程总供水量（可以包括沿程的损失水量，以折算水量记，也可以不包括沿程的损失水量，以净增供水量记，只要前后一致即可）。

　　理论上，给定一个 a 值，由式（7.1）即可求得（0，a）区间内的单方水平均供水成本，如图 7.2 所示。

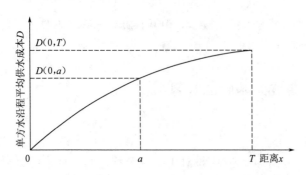

图 7.2　连续形式单方水的平均供水成本沿程变化示意图

　　图 7.2 中，$D(0,a)$ 表示（0，a）区间内单方水的平均供水成本，$D(0,T)$ 表示（0，T）区间内（即供水工程干线全线）单方水的平均供水成本。

　　在实际情况下，由于运行费沿程分布函数、折旧费沿程分布函数、供水量沿程分布函数等一般都很难得到（只有区间的值），因此，在实际应用时，式（7.1）可应用

离散形式表示，如图 7.3 所示。（1，n）区间内单方水的平均供水成本 $D(1,n)$ 的计算见式（7.2）。

图 7.3　沿程供水成本离散形式计算示意图

$$D(1,n)=\frac{\sum_{i=1}^{n}[Y(i)+Z(i)]}{W} \tag{7.2}$$

式中：$D(1,n)$ 为供水工程干线（1，n）区间内单方水的平均供水成本；$Y(i)$ 为供水工程干线第 i 个区间（$i=1,2,3,\cdots,m$）的运行费；$Z(i)$ 为供水工程干线第 i 个区间（$i=1,2,3,\cdots,m$）的折旧费；m 为供水工程干线的分段数。式（7.2）的计算结果如图 7.4 所示。

　　对于特定工程、调水量一定时，单方水的平均供水成本沿程变化曲线是唯一的。

7.1.2　单方水的区间平均供水成本计算

　　前面给出的是单方水的全线沿程平均供水成本变化曲线，在实用时需

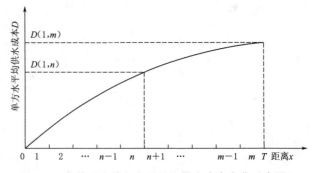

图 7.4　离散形式单方水的平均供水成本变化示意图

要知道的是各区间单方水的平均供水成本。下面讨论两者之间的关系，以便由单方水的全线沿程平均供水成本变化曲线推求区间单方水的平均供水成本。

设工程干线总成本费用为 C（即前述公式中的折旧费和运行费之和），总调水量为 W。应用式（7.2），对不同分段情况讨论如下。

（1）分两段。

$$D(1,1) = \frac{C_1}{W_1 + W_2} = \frac{C_1}{W}$$

$$D(1,2) = \frac{C_1 + C_2}{W_1 + W_2} = \frac{C_1 + C_2}{W}$$

(7.3)

式中：C_1、C_2 分别为第 1 段、第 2 段的成本费用，且 $C_1 + C_2 = C$，元；W_1、W_2 分别为第 1 段、第 2 段的供水量，且 $W_1 + W_2 = W$，m^3；$D(1,1)$、$D(1,2)$ 分别为第 1 段和全线（第 1 段和第 2 段）单方水的平均供水成本，元/m^3。

当全线折旧费、运行费、供水量等都均摊时，代入式（7.3）则有

$$D(1,1) = \frac{1}{2}\frac{C}{W}$$

$$D(1,2) = 1\frac{C}{W}$$

(7.4)

（2）分三段。

$$D(1,1) = \frac{C_1}{W_1 + W_2 + W_3} = \frac{C_1}{W}$$

$$D(1,2) = \frac{C_1 + C_2}{W_1 + W_2 + W_3} = \frac{C_1 + C_2}{W}$$

$$D(1,3) = \frac{C_1 + C_2 + C}{W_1 + W_2 + W_3} = \frac{C_1 + C_2 + C_3}{W}$$

(7.5)

式中：C_1、C_2、C_3 分别为第 1 段、第 2 段和第 3 段的成本费用，且 $C_1 + C_2 + C_3 = C$，元；W_1、W_2、W_3 分别为第 1 段、第 2 段、第 3 段的供水量，且 $W_1 + W_2 + W_3 = W$，m^3；$D(1,1)$、$D(1,2)$、$D(1,3)$ 分别为第一段、前两段（第 1 段和第 2 段）和全线（第 1 段至第 3 段）单方水的平均供水成本，m^3/s。

当全线固定资产折旧费、运行费、供水量等都均摊时，代入式（7.5）则有

$$D(1,1) = \frac{1}{3}\frac{C}{W}$$

$$D(1,2) = \frac{2}{3}\frac{C}{W}$$

$$D(1,3) = \frac{3}{3}\frac{C}{W} = \frac{C}{W}$$

(7.6)

（3）分四段。

$$D(1,1) = \frac{C_1}{W_1+W_2+W_3+W_4} = \frac{C_1}{W}$$

$$D(1,2) = \frac{C_1+C_2}{W_1+W_2+W_3+W_4} = \frac{C_1+C_2}{W}$$

$$D(1,3) = \frac{C_1+C_2+C_3}{W_1+W_2+W_3+W_4} = \frac{C_1+C_2+C_3}{W}$$

$$D(1,4) = \frac{C_1+C_2+C_3+C_4}{W_1+W_2+W_3+W_4} = \frac{C_1+C_2+C_3+C_4}{W}$$

(7.7)

式中：C_1、C_2、C_3、C_4 分别为第 1 段、第 2 段、第 3 段和第 4 段的成本费用，且 $C_1+C_2+C_3+C_4=C$，元；W_1、W_2、W_3、W_4 分别为第 1 段、第 2 段、第 3 段、第 4 段的供水量，且 $W_1+W_2+W_3+W_4=W$，m³；$D(1,1)$、$D(1,2)$、$D(1,3)$、$D(1,4)$ 分别为第 1 段、前两段（第 1 段和第 2 段）、前三段（第 1 段至第 3 段）和全线（第 1 段至第 4 段）单方水的平均供水成本费用，元/m³。

当全线固定资产折旧费、运行费、供水量等都均摊时，代入式（7.7）则有

$$D(1,1) = \frac{1}{4}\frac{C}{W}$$

$$D(1,2) = \frac{2}{4}\frac{C}{W}$$

$$D(1,3) = \frac{3}{4}\frac{C}{W}$$

$$D(1,4) = \frac{4}{4}\frac{C}{W} = \frac{C}{W}$$

(7.8)

（4）依此类推，分 m 段。

$$D(1,1) = \frac{C_1}{W_1+W_2+\cdots+W_n\cdots+W_m} = \frac{C_1}{W}$$

$$D(1,2) = \frac{C_1+C_2}{W_1+W_2+\cdots+W_n\cdots+W_m} = \frac{C_1+C_2}{W}$$

$$D(1,3) = \frac{C_1+C_2+C_3}{W_1+W_2+\cdots+W_n\cdots+W_m} = \frac{C_1+C_2+C_3}{W}$$

$$\vdots$$

$$D(1,n) = \frac{C_1+C_2+\cdots+C_n}{W_1+W_2+\cdots+W_n+\cdots+W_m} = \frac{C_1+C_2+\cdots+C_n}{W}$$

$$\vdots$$

$$D(1,m) = \frac{C_1+C_2+\cdots+C_n+\cdots+C_m}{W_1+W_2+\cdots+W_n+\cdots+W_m} = \frac{C}{W}$$

(7.9)

式中：C_1，C_2，$\cdots$，C_n，$\cdots$，C_m 分别为第 1 段、第 2 段、$\cdots$、第 n 段、$\cdots$，第 m 段的成本费用，且 $C_1+C_2+\cdots+C_n+\cdots C_m=C$，元；$W_1$，$W_2$，$\cdots$，$W_n$，$\cdots$，$W_m$ 分别为第 1 段、第 2 段、$\cdots$、第 n 段、$\cdots$、第 m 段的供水量，且 $W_1+W_2+\cdots+W_n\cdots+$

$W_m = W$，m^3；$D(1,1)$，$D(1,2)$，$D(1,3)$，$\cdots$，$D(1,n)$，$\cdots$，$D(1,m)$ 分别为第 1 段、前两段（第 1 段和第 2 段）、前三段（第 1 段至第 3 段）、$\cdots$、前 n 段（第 1 段至第 n 段）、$\cdots$、前 m 段（第 1 段至第 m 段）和全线（第 1 段至第 m 段）单方水的平均供水成本费用，m^3/s。

当全线固定资产折旧费、运行费、供水量等都均摊时，则式（7.9）可以表示为

$$D(1,1) = \frac{1}{m} \cdot \frac{C}{W}$$

$$D(1,2) = \frac{2}{m} \cdot \frac{C}{W}$$

$$D(1,3) = \frac{3}{m} \cdot \frac{C}{W}$$

$$\vdots$$

$$D(1,n) = \frac{n}{m} \cdot \frac{C}{W}$$

$$\vdots$$

$$D(1,m) = \frac{m}{m} \cdot \frac{C}{W} = \frac{C}{W}$$

(7.10)

以式（7.4）、式（7.6）和式（7.8）为例，分两段、三段、四段情况下单方水的全线平均供水成本曲线如图 7.5（a）、（b）、（c）中的 AB 线所示。根据图 7.5（a）、（b）、（c）中的全线沿程平均供水成本曲线与区间平均供水成本的关系，进而可推广到分 m 段的情况。由此可得单方水的全线平均供水成本与区间平均供水成本的关系式，见式（7.11）。

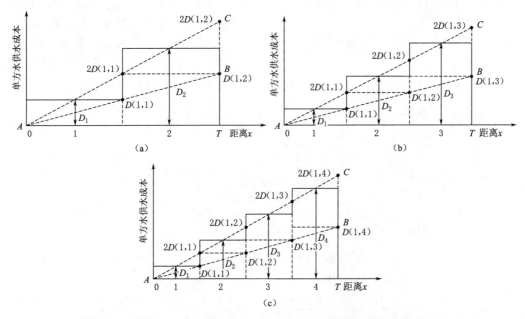

图 7.5 单方水的全线沿程平均供水成本曲线与区间平均供水成本关系图

$$\left.\begin{aligned}
&D_1=D(1,1)\\
&D_2=D(1,1)+D(1,2)\\
&D_3=D(1,2)+D(1,3)\\
&D_4=D(1,3)+D(1,4)\\
&\vdots\\
&D_n=D(1,n-1)+D(1,n)\\
&\vdots\\
&D_m=D(1,m-1)+D(1,m)
\end{aligned}\right\}\tag{7.11}$$

以分两段式（7.3）及式（7.11）（对应前两个公式）为例说明其含义。对于第 1 段而言，若供水成本为 C_1，总供水量为 $W(W=W_1+W_2)$，D（1，1）表示第 1 段提供 W 的水量需要的平均供水成本，这个成本不仅是第 1 段使用 W_1 水量时单方水的平均供水成本 D_1［即 $D(1,1)$］，也是转移给第 2 段的水量 W_2 的单方水的平均供水成本。对于第 1 段、第 2 两段总体而言，若两段总的供水成本为 C_1+C_2（即 C），两段总的供水量为 $W(W=W_1+W_2)$，$D(1,2)$ 表示两段提供 W 的水量需要的单方水的平均供水成本；对于第 2 段自身而言，一方面要分担两段的单方水的平均供水成本 $D(1,2)$，同时也需分担第 1 段转移给第 2 段的单方水的平均供水成本 $D(1,1)$。因此，第 2 段的单方水的平均供水成本为 $D_2=D(1,1)+D(1,2)$。

对于分三段、四段，以及 m 段时，可同理分析，不再赘述。但对于分段数多于两段的情况，从最后一段向前逐段分析可能会更易理解。

根据式（7.11）可求得任一段的单方水的平均供水成本。对于特定的工程及特定的运行状况而言，该计算结果不会因分段数等人为因素的影响而变化。但式（7.11）是以区间端点值为基础的，也就是用区间两端值之和的均值代替了区间平均值。

7.1.3　干线有分支时供水成本的计算

当干线工程有分支时，分支之前的各段单方水供水成本的计算方法与无分支时完全相同。对于各分支线路应分别计算。

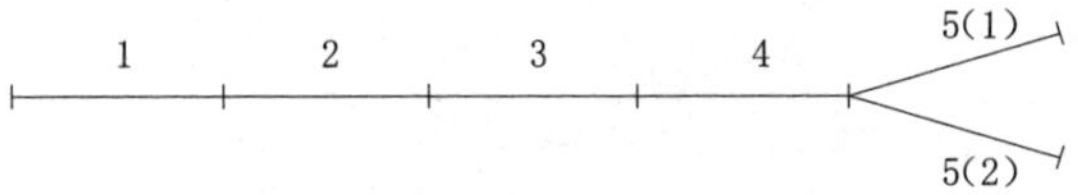

图 7.6　5 段时供水工程分支线路示意图

以供水工程干线分支前有 4 段，第 5 段有两条分支线路（图 7.6）为例，相应的计算公式见式（7.12）。

$$\left.\begin{aligned}
&D_1=\frac{C_1}{W}\\
&D_2=\frac{C_1}{W}+\frac{C_1+C_2}{W}\\
&D_3=\frac{C_1+C_2}{W}+\frac{C_1+C_2+C_3}{W}\\
&D_4=\frac{C_1+C_2+C_3}{W}+\frac{C_1+C_2+C_3+C_4}{W}\\
&D_{5(1)}=\frac{C_1+C_2+C_3+C_4}{W}+\frac{C_1+C_2+C_3+C_4+C_{5(1)}}{W-W_{5(2)}}\\
&D_{5(2)}=\frac{C_1+C_2+C_3+C_4}{W}+\frac{C_1+C_2+C_3+C_4+C_{5(2)}}{W-W_{5(1)}}
\end{aligned}\right\}\tag{7.12}$$

式中：$W_{5(1)}$、$W_{5(2)}$ 分别为第 5 段的第 1 条、第 2 条支路的供水量，m^3。

供水工程干线分支前有 n 段，有两条分支线路，分别有 n_1 和 n_2 段，示意图如图 7.7 所示，相应的计算公式见式 (7.13)。

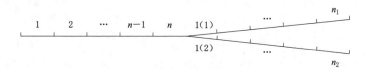

图 7.7 供水工程分支线路示意图

干线分支前各段单方水供水成本的计算公式为

$$D_1 = \frac{C_1}{W}$$

$$D_2 = \frac{C_1}{W} + \frac{C_1 + C_2}{W}$$

$$D_3 = \frac{C_1 + C_2}{W} + \frac{C_1 + C_2 + C_3}{W} \tag{7.13a}$$

$$\vdots$$

$$D_n = \frac{C_1 + C_2 + C_3 + \cdots + C_{n-1}}{W} + \frac{C_1 + C_2 + C_3 + \cdots + C_{n-1} + C_n}{W}$$

第 1 个分支各段单方水供水成本的计算公式为

$$D_{n+1(1)} = \frac{C_1 + C_2 + C_3 + \cdots + C_n}{W} + \frac{C_1 + C_2 + C_3 + \cdots + C_n + C_{n+1(1)}}{W - W_{n2}}$$

$$D_{n+2(1)} = \frac{C_1 + C_2 + C_3 + \cdots + C_n}{W} + \frac{C_{n+1(1)}}{W - W_{n2}} + \frac{C_1 + C_2 + C_3 + \cdots + C_n + C_{n+1(1)} + C_{n+2(1)}}{W - W_{n2}}$$

$$\vdots \tag{7.13b}$$

$$D_{n+n1(1)} = \frac{C_1 + C_2 + C_3 + \cdots + C_n}{W} + \frac{C_{n+1(1)} + C_{n+2(1)} + \cdots + C_{n+n1-1(1)}}{W - W_{n2}}$$

$$+ \frac{C_1 + C_2 + \cdots + C_n + C_{n+1(1)} + C_{n+2(1)} + \cdots + C_{n+n1-1(1)} + C_{n+n1(1)}}{W - W_{n2}}$$

第 2 个分支各段单方水供水成本的计算公式为

$$D_{n+1(2)} = \frac{C_1 + C_2 + C_3 + \cdots + C_n}{W} + \frac{C_1 + C_2 + C_3 + \cdots + C_n + C_{n+1(2)}}{W - W_{n1}}$$

$$D_{n+2(2)} = \frac{C_1 + C_2 + C_3 + \cdots + C_n}{W} + \frac{C_{n+1(2)}}{W - W_{n1}} + \frac{C_1 + C_2 + C_3 + \cdots + C_n + C_{n+1(2)} + C_{n+2(2)}}{W - W_{n1}}$$

$$\vdots \tag{7.13c}$$

$$D_{n+n2(2)} = \frac{C_1 + C_2 + C_3 + \cdots + C_n}{W} + \frac{C_{n+1(2)} + C_{n+2(2)} + \cdots + C_{n+n2-1(2)}}{W - W_{n1}}$$

$$+ \frac{C_1 + C_2 + \cdots + C_n + C_{n+1(2)} + C_{n+2(2)} + \cdots + C_{n+n2-1(2)} + C_{n+n2(2)}}{W - W_{n1}}$$

式中：$n1$、$n2$ 分别为第 1、第 2 个分支的分段数（不包括分支前的 n 段）；W_{n1}、W_{n2} 分别为第 1、第 2 个分支的总供水量，$W_{n1} = \sum_{i=1}^{n1} W_{n+i(1)}$，$W_{n2} = \sum_{i=1}^{n2} W_{n+i(2)}$，$m^3$；$W_{n+1(1)}$，$W_{n+2(1)}$，$W_{n+3(1)}$，$\cdots$，$W_{n+n1(1)}$ 分别为第 1 个分支的第 1 段、第 2 段、第 3 段、$\cdots\cdots$、第 $n1$ 段的供水量；$W_{n+1(2)}$，$W_{n+2(2)}$，$W_{n+3(2)}$，$\cdots$，$W_{n+n1(2)}$ 分别为第 2 个分支的第 1 段、第 2 段、第 3 段、$\cdots\cdots$、第 $n2$ 段的供水量，m^3；$C_{n+1(1)}$，$C_{n+2(1)}$，$C_{n+3(1)}$，$\cdots$，$C_{n+n1(1)}$ 分别为第 1 个分支的第 1 段、第 2 段、第 3 段、$\cdots\cdots$、第 $n1$ 段的供水成本，元；$C_{n+1(2)}$，$C_{n+2(2)}$，$C_{n+3(2)}$，$\cdots$，$C_{n+n1(2)}$ 分别为第 2 个分支的第 1 段、第 2 段、第 3 段、$\cdots\cdots$、第 $n2$ 段的供水成本，元；$D_{n+1(1)}$，$D_{n+2(1)}$，$D_{n+3(1)}$，$\cdots$，$D_{n+n1(1)}$ 分别为第 1 个分支的第 1 段、第 2 段、第 3 段、$\cdots\cdots$、第 $n1$ 段的单方水供水成本，元/m^3；$D_{n+1(2)}$，$D_{n+2(2)}$，$D_{n+3(2)}$，$\cdots$，$D_{n+n1(2)}$ 分别为第 2 个分支的第 1 段、第 2 段、第 3 段、$\cdots\cdots$、第 $n2$ 段的单方水供水成本，元/m^3；其他符号意义同前。

对于有分支的情况，上面给出的是连续计算的情况。在实用时，可将分支前干线作为一个总体，分支后的各支线分别作为一个总体，分别计算，干线与各支线的计算结果叠加，即可得到最终结果。此处不再详述。

7.1.4　方法的适用性验证

从理论上严格而言，上述计算方法只适应于供水工程各段的供水成本与供水量成正比的情况。当各段的供水成本与供水量的比例失调或严重失调时，计算结果需进行闭合修正，或者改用下面介绍的其他计算方法。

下面对计算结果的闭合性进行简要的验证。

1. 干线无分支的情况

以供水工程分为 3 段为例，若各段供水成本与水量成正比，根据式（7.9）和式（7.11）可得到各段单方水供水成本系数和单方水供水成本，计算结果见表 7.1。

表 7.1　　　　　　　　　　　　　干线无分支的情况计算表

分段	水量	成本	单方水供水成本系数	单方水供水成本
第 1 段	W_1	kW_1	$\dfrac{kW_1}{W}$	$\dfrac{kW_1}{W}$
第 2 段	W_2	kW_2	$\dfrac{kW_2}{W}$	$\dfrac{kW_1}{W} + \dfrac{kW_1 + kW_2}{W}$
第 3 段	W_3	kW_3	$\dfrac{kW_3}{W}$	$\dfrac{kW_1 + kW_2}{W} + \dfrac{kW_1 + kW_2 + kW_3}{W}$

根据表 7.1，有

$$\frac{kW_1}{W} \cdot W_1 + \left(\frac{kW_1}{W} + \frac{kW_1 + kW_2}{W} \right) \cdot W_2 + \left(\frac{kW_1 + kW_2}{W} + \frac{kW_1 + kW_2 + kW_3}{W} \right) \cdot W_3$$

$$= kW_1 + kW_2 + kW_3$$

由上面的验证结果可见，供水工程全线总成本闭合。

2. 干线有分支的情况

以供水工程干线分支前有 2 段，第 3 段有两个分支为例，若各段供水成本与供水量成正比，根据式（7.9）和式（7.13）可得到各段单方水供水成本系数和单方水供水成本，计算结果见表 7.2。

表 7.2 干线有分支的情况计算表

分段	水量	成本	单方水供水成本系数	单方水供水成本
第 1 段	W_1	kW_1	$\dfrac{kW_1}{W}$	$\dfrac{kW_1}{W}$
第 2 段	W_2	kW_2	$\dfrac{kW_2}{W}$	$\dfrac{kW_1}{W}+\dfrac{kW_1+kW_2}{W}$
第 3（1）段	$W_{3(1)}$	$kW_{3(1)}$	$\dfrac{kW_{3(1)}}{W}$	$\dfrac{kW_1+kW_2}{W}+\dfrac{kW_1+kW_2+kW_{3(1)}}{W-W_{3(2)}}$
第 3（2）段	$W_{3(2)}$	$kW_{3(2)}$	$\dfrac{kW_{3(2)}}{W}$	$\dfrac{kW_1+kW_2}{W}+\dfrac{kW_1+kW_2+kW_{3(2)}}{W-W_{3(1)}}$

根据表 7.2，有

$$\frac{kW_1}{W}\cdot W_1+\left(\frac{kW_1}{W}+\frac{kW_1+kW_2}{W}\right)\cdot W_2+\left(\frac{kW_1+kW_2}{W}+\frac{kW_1+kW_2+kW_{3(1)}}{W-W_{3(2)}}\right)\cdot W_{3(1)}$$

$$+\left(\frac{kW_1+kW_2}{W}+\frac{kW_1+kW_2+kW_{3(2)}}{W-W_{3(1)}}\right)\cdot W_{3(2)}$$

$$=kW_1+kW_2+kW_{3(1)}+kW_{3(2)}$$

由上面的验证结果可见，供水工程全线总成本也闭合。

因此，只要供水工程各段的供水成本与供水量成正比，本节的计算方法可得出正确、客观、唯一的计算结果。

7.2 以成本平衡为基础的计算方法

7.1 节以平均供水成本沿程变化曲线为基础，提出了单方水供水成本计算的一种方法。本节将以沿程总供水成本平衡为基础，提出另一种单方水供水成本计算方法。

7.2.1 不同分段情况下各段单方水供水成本计算

单方水供水成本取决于调水工程的总供水量和调水工程的总供水成本。

本节以供水成本平衡为基础，讨论不同分段情况下各段的单方水供水成本计算公式。

1. 分两段

在图 7.8 中，供水工程总供水量为 W，总成本费用为 C，单方水供水成本按两段计算（即 ab 段和 bc 段）。第 1 段（ab 段）、第 2 段（bc 段）的供水量分别为 W_1、W_2（$W_1+W_2=W$），供水成本费用分别为 C_1、C_2（$C_1+C_2=C$）。

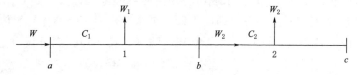

图 7.8 调水工程分两段时的示意图

对于第 1 段，总供水量为 W（除满足本段自身的需求 W_1 之外，还要给第 2 段供水 W_2），供水成本为 C_1，则第 1 段单方水的平均供水成本为 C_1/W。

对于第 2 段，供水量为 W_2；供水成本费用由两部分组成，其一是 C_2（完全由 W_2 形成，只为本段服务），其二是上一段（即第 1 段）的传递成本。上一段（第 1 段）单方水的传递成本为 C_1/W，加上本段自身的供水成本即为该段（第 2 段）单方水的供水成本。也可以这样理解：第 1 段、第 2 段应承担的供水成本 $\left[\dfrac{C_1+C_2}{W}\cdot(W_1+W_2)=C_1+C_2\right]$ 与第 1 段应承担的供水成本 $\left(\dfrac{C_1}{W}\cdot W_1\right)$ 之差值，即为第 2 段应承担的供水成本。第 2 段应承担的供水成本除以第 2 段的供水量即为第 2 段的单方水供水成本。

因此，调水工程分两段时单方水的供水成本计算公式为

$$\left.\begin{array}{l}D_1=\dfrac{C_1}{W}\\[2mm]D_2=\dfrac{C_1}{W}+\dfrac{C_2}{W_2}\end{array}\right\}\tag{7.14}$$

式中：D_1 和 D_2 分别为第 1 段和第 2 段的单方水供水成本，元/m^3。

2. 分三段

在图 7.9 中，供水工程总供水量仍为 W，总成本费用仍为 C，单方水供水成本按三段计算（即 ab 段、bc 段和 cd 段）。第 1 段、第 2 段、第 3 段的供水量分别为 W_1、W_2 和 W_3（$W_1+W_2+W_3=W$），供水成本费用分别为 C_1、C_2 和 C_3（$C_1+C_2+C_3=C$）。

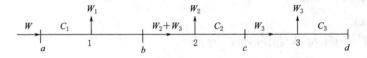

图 7.9　调水工程分三段时的示意图

对于第 1 段，其总供水量为 W（除满足第 1 段自身的需求 W_1 之外，还要给第 2 段、第 3 段供水 W_2+W_3），供水成本费用为 C_1，则第 1 段的单方水平均供水成本为 C_1/W。

对于第 2 段，一方面要承担第 1 段的传递成本，另一方面又要将自身的部分成本传递给下一段（即第 3 段）。根据前述分析思路，第 1 段、第 2 段应承担的供水成本 $\left[\dfrac{C_1+C_2}{W}\cdot(W_1+W_2)\right]$ 与第 1 段应承担的供水成本 $\left(\dfrac{C_1}{W}\cdot W_1\right)$ 之差值，即为第 2 段应承担的供水成本。第 2 段应承担的供水成本除以第 2 段的供水量即为第 2 段的单方水供水成本。

对于第 3 段，供水量为 W_3；供水成本费用由两部分组成，其一是 C_3（完全由 W_3 形成，只为本段服务），其二是上一段（即第 1 段、第 2 段作为一个整体）的传递成本。由于上一段（即第 1 段、第 2 段）的总供水量为 W（除满足第 1 段、第 2 段自身的需求 W_1+W_2 之外，还要给第 3 段供水 W_3），总成本费用为 C_1+C_2，则单方水的平均供水成本为 $(C_1+C_2)/W$。因此，上一段单方水的传递成本为 $(C_1+C_2)/W$，加上第 3 段自身的供

水成本即为第 3 段单方水的供水成本。

因此，调水工程分三段时单方水的供水成本计算公式为

$$D_1 = \frac{C_1}{W}$$

$$D_2 = \frac{C_1 + C_2}{W} + \frac{C_2}{WW_2} \cdot W_1 \tag{7.15}$$

$$D_3 = \frac{C_1 + C_2}{W} + \frac{C_3}{W_3}$$

式中：D_1、D_2 和 D_3 分别为第 1 段、第 2 段、第 3 段的单方水供水成本，元/m³。

3. 分四段

在图 7.10 中，供水工程总供水量仍为 W，总成本费用仍为 C，单方水供水成本按四段计算（即 ab 段、bc 段、cd 段和 de 段）。第 1 段、第 2 段、第 3 段、第 4 段的供水量分别为 W_1、W_2、W_3 和 W_4（$W_1 + W_2 + W_3 + W_4 = W$），供水成本费用分别为 C_1、C_2、C_3 和 C_4（$C_1 + C_2 + C_3 + C_4 = C$）。

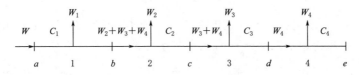

图 7.10 调水工程分四段时的示意图

对于第 1 段，其总供水量为 W（除满足第 1 段自身的需求 W_1 之外，还要给第 2 段、第 3 段、第 4 段供水 $W_2 + W_3 + W_4$），供水成本费用为 C_1，则单方水的平均供水成本为 C_1/W。

对于第 2 段，一方面要承担第 1 段的传递成本，另一方面又要将自身的部分成本传递给下一段（即第 3 段、第 4 段）。根据前述分析思路，第 1 段、第 2 段应承担的供水成本 $\left[\frac{C_1 + C_2}{W} \cdot (W_1 + W_2)\right]$ 与第 1 段应承担的供水成本 $\left(\frac{C_1}{W} \cdot W_1\right)$ 之差值，即为第 2 段应承担的供水成本。第 2 段应承担的供水成本除以第 2 段的供水量即为第 2 段的单方水供水成本。

对于第 3 段，一方面要承担第 1 段、第 2 段的传递成本，另一方面又要将自身的部分成本传递给下一段（即第 4 段）。根据前述分析思路，第 1 段、第 2 段、第 3 段应承担的供水成本 $\left[\frac{C_1 + C_2 + C_3}{W} \cdot (W_1 + W_2 + W_3)\right]$ 与第 1 段、第 2 段应承担的供水成本 $\left[\frac{C_1 + C_2}{W} \cdot (W_1 + W_2)\right]$ 之差值，即为第 3 段应承担的供水成本。第 3 段应承担的供水成本除以第 3 段的供水量即为第 3 段的单方水供水成本。

同上面分两段时的分析思路，对于第 4 段，供水量为 W_4；供水成本费用由两部分组成，其一是 C_4（完全由 W_4 形成，只为本段服务），其二是上一段（即第 1 段、第 2 段、第 3 段作为一个整体）的传递成本。由于上一段（即第 1 段、第 2 段、第 3 段）的总供水

量为 W（除满足第 1 段、第 2 段、第 3 段自身的需求 $W_1+W_2+W_3$ 之外，还要给第 4 段供水 W_4），总供水成本费用为 $C_1+C_2+C_3$，则单方水的平均供水成本为 $(C_1+C_2+C_3)/W$。因此，上一段单方水的传递成本为 $(C_1+C_2+C_3)/W$，加上第 4 段自身的供水成本即为第 4 段单方水的供水成本。

因此，调水工程分四段时单方水的供水成本计算公式为

$$D_1=\frac{C_1}{W}$$

$$D_2=\frac{C_1+C_2}{W}+\frac{C_2}{WW_2}\cdot W_1$$

$$D_3=\frac{C_1+C_2+C_3}{W}+\frac{C_3(W_1+W_2)}{WW_3} \qquad (7.16)$$

$$D_4=\frac{C_1+C_2+C_3}{W}+\frac{C_4}{W_4}$$

式中：D_1、D_2、D_3 和 D_4 分别为第 1 段、第 2 段、第 3 段、第 4 段的单方水供水成本，元/m³。

4. 分 m 段

在图 7.11 中，供水工程总供水量仍为 W，总成本费用仍为 C，单方水供水成本按 m 段计算。同理，可求得调水工程分 m 段时单方水的供水成本计算公式为

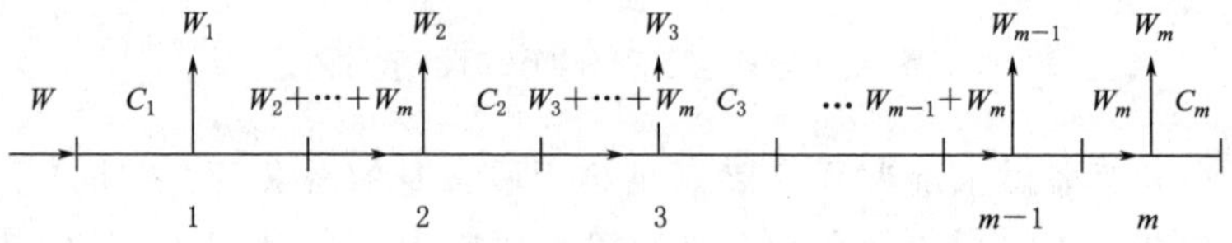

图 7.11　调水工程分 m 段时的示意图

$$D_1=\frac{C_1}{W}$$

$$D_2=\frac{C_1+C_2}{W}+\frac{C_2}{WW_2}\cdot W_1$$

$$D_3=\frac{C_1+C_2+C_3}{W}+\frac{C_3(W_1+W_2)}{WW_3}$$

$$D_n=\frac{C_1+C_2+C_3+\cdots+C_n}{W}+\frac{C_n(W_1+W_2+\cdots+W_{n-1})}{WW_n} \qquad (7.17)$$

$$\cdots$$

$$D_m=\frac{C_1+C_2+C_3+\cdots+C_{m-1}}{W}+\frac{C_m}{W_m}$$

式中：D_1，D_2，D_3，$\cdots$，D_n，$\cdots$，D_m 分别为第 1 段、第 2 段、第 3 段、$\cdots\cdots$、第 n 段、$\cdots\cdots$、第 m 段的单方水供水成本，元/m³。

对于实际工程而言，将各段的成本费用及供水量代入上述公式，即可求得各段的单方水供水成本。

7.2.2 干线有分支时的供水成本计算

当干线工程有分支时，分支之前的各段单方水供水成本的计算方法与无分支时完全相同。对于各分支线路应分别计算。

设供水工程干线分支前有 n 段，有两个分支线路，分别有 $n1$ 和 $n2$ 段时，示意图如图 7.7 所示，相应的计算公式见式（7.18）。

干线分支前各段单方水供水成本的计算公式为

$$
\left.
\begin{aligned}
D_1 &= \frac{C_1}{W} \\
D_2 &= \frac{C_1 + C_2}{W} + \frac{C_2}{WW_2} \cdot W_1 \\
D_3 &= \frac{C_1 + C_2 + C_3}{W} + \frac{C_3(W_1 + W_2)}{WW_3} \\
&\vdots \\
D_n &= \frac{C_1 + C_2 + C_3 + \cdots + C_n}{W} + \frac{C_m(W_1 + W_2 + \cdots + W_{n-1})}{WW_n}
\end{aligned}
\right\} \quad (7.18a)
$$

第 1 个分支各段单方水供水成本的计算公式为

$$
\left.
\begin{aligned}
D_{n+1(1)} &= \frac{C_1 + C_2 + C_3 + \cdots + C_n}{W} + \frac{C_{n+1(1)}(W_1 + W_2 + \cdots + W_n + W_{n+1(1)})}{(W - W_{n2})W_{n+1(1)}} \\
D_{n+2(1)} &= \frac{C_1 + C_2 + C_3 + \cdots + C_n}{W} + \frac{C_{n+1(1)}}{W - W_{n2}} + \frac{C_{n+2(1)}(W_1 + W_2 + \cdots + W_n + W_{n+1(1)} + W_{n+2(1)})}{(W - W_{n2})W_{n+2(1)}} \\
D_{n+3(1)} &= \frac{C_1 + C_2 + C_3 + \cdots + C_n}{W} + \frac{C_{n+1(1)} + C_{n+2(1)}}{W - W_{n2}} + \frac{C_{n+3(1)}(W_1 + W_2 + \cdots + W_n + W_{n+1(1)} + W_{n+2(1)} + W_{n+3(1)})}{(W - W_{n2})W_{n+3(1)}} \\
&\vdots \\
D_{n+n1(1)} &= \frac{C_1 + C_2 + C_3 + \cdots + C_n}{W} + \frac{C_{n+1(1)} + \cdots + C_{n+n1-1(1)}}{W - W_{n2}} + \frac{C_{n+n1(1)}(W_1 + W_2 + \cdots + W_n + W_{n+1(1)} + \cdots + W_{n+n1(1)})}{(W - W_{n2})W_{n+n1(1)}}
\end{aligned}
\right\}
$$

$$(7.18b)$$

第 2 个分支各段单方水供水成本的计算公式为

$$
\left.
\begin{aligned}
D_{n+1(2)} &= \frac{C_1 + C_2 + C_3 + \cdots + C_n}{W} + \frac{C_{n+1(1)}(W_1 + W_2 + \cdots + W_n + W_{n+1(2)})}{(W - W_{n1})W_{n+1(2)}} \\
D_{n+2(2)} &= \frac{C_1 + C_2 + C_3 + \cdots + C_n}{W} + \frac{C_{n+1(2)}}{W - W_{n1}} + \frac{C_{n+2(1)}(W_1 + W_2 + \cdots + W_n + W_{n+1(2)} + W_{n+2(2)})}{(W - W_{n1})W_{n+2(2)}} \\
D_{n+3(2)} &= \frac{C_1 + C_2 + C_3 + \cdots + C_n}{W} + \frac{C_{n+1(1)} + C_{n+2(1)}}{W - W_{n1}} + \frac{C_{n+3(1)}(W_1 + W_2 + \cdots + W_n + W_{n+1(2)} + W_{n+2(2)} + W_{n+3(2)})}{(W - W_{n1})W_{n+3(2)}} \\
&\vdots \\
D_{n+n2(2)} &= \frac{C_1 + C_2 + C_3 + \cdots + C_n}{W} + \frac{C_{n+1(1)} + \cdots + C_{n+n1-1(1)}}{W - W_{n1}} + \frac{C_{n+n2(2)}(W_1 + W_2 + \cdots + W_n + W_{n+2(2)} + \cdots + W_{n+n2(2)})}{(W - W_{n1})W_{n+n2(2)}}
\end{aligned}
\right\}
$$

$$(7.18c)$$

上面各式中的符号意义与 7.1 节中相同，不再赘述。

7.3　以供水成本与水量沿程变化曲线为基础的计算方法

7.1 节和 7.2 节提出了两种单方水供水成本的计算方法，两种方法均为全新的方法。其中 7.1 节中的方法重点考虑了总的供水成本沿程变化与单方水平均供水成本的关系。7.2 节中的方法重点考虑了总成本的平衡。本节提出的计算方法是对前两种方法的综合与改进。

7.3.1　引言

下面给出两种情况，其一是由一点（a）向另一点（b）供水，区间内不供水，称为点对点供水，如图 7.12 所示；其二是由一点（a）向全线 [（a，b）区间] 均匀供水，称为点对线供水，如图 7.13 所示。

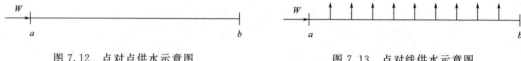

图 7.12　点对点供水示意图　　　　　图 7.13　点对线供水示意图

在图 7.12 中，由 a 点向 b 点供水（管道或封闭渠道），（a，b）区间内不取水，总供水量为 W，总供水成本费用为 C，则 b 点的单方水供水成本为

$$\overline{D} = \frac{C}{W}$$

式中：$\overline{D}$ 即为全线平均单方水供水成本，也就是 b 点处的单方水供水成本，元/m³。

在图 7.13 中，由 a 点向（a，b）区间均匀供水，（a，b）区间的总供水量为 W，总供水成本费用为 C_1（为了与图 7.12 中供水成本费用 C 区别，用 C_1 表示），则全线平均单方水供水成本为

$$\overline{D}_1 = \frac{C_1}{W}$$

若全线供水量分布均匀，则 $\overline{D}_1$ 应对应（a，b）区间中点处的单方水供水成本。理论上而言，供水线路终点 b 处的单方水供水成本应为 $2\overline{D}_1$。也就是说，在供水量全线均匀的情况下，终点处的单方水供水成本应为全线平均单方水供水成本的两倍。

对于一般供水工程而言，供水成本及供水量全线不一定均匀，终点处的单方水供水成本不一定严格为全线平均单方水供水成本的两倍，而应在两倍左右。这一点非常重要，对于大型调水工程成本核算具有重要的指导作用。

7.3.2　理论计算方法

为了与实际情况相区别，对于全线均匀供水条件下的计算方法称为理论计算方法。如图 7.11 所示，参见 7.1 节中的分析思路和前述有关结论，在（0，a）内，供水成本的平衡式为

$$\frac{1}{2}D(a)\int_0^a g(x)\mathrm{d}x + D(a)\int_a^T g(x)\mathrm{d}x = \int_0^a [y(x) + z(x)]\mathrm{d}x$$

式中：右侧表示（0，a）内运行费和折旧费，即总成本费用；左侧第一部分表示（0，a）内供水量消耗的成本费用，第二部分表示向下游的供水量消耗的成本费用。

由上式有

$$D(a) = \frac{\int_0^a [y(x) + z(x)] \mathrm{d}x}{\frac{1}{2}\int_0^a g(x)\mathrm{d}x + \int_a^T g(x)\mathrm{d}x} = \frac{C(a)}{\frac{1}{2}W_1(a) + W_2(a)}$$

$$= \frac{2C(a)}{W_1(a) + 2W_2(a)} = \frac{2C(a)}{2W - W_1(a)} \qquad (7.19)$$

其中

$$W_1(a) = \int_0^a g(x)\mathrm{d}x \quad W_2(a) = \int_a^T g(x)\mathrm{d}x$$

$$C(a) = \int_0^a [y(x) + z(x)]\mathrm{d}x \quad W = W_1 + W_2$$

式中：$D(a)$ 为供水工程干线 a 点处的单方水供水成本，元/m³；$W_1(a)$ 为（0，a）内的供水量，m³；$W_2(a)$ 为（a，T）内的供水量，m³；$C(a)$ 为（0，a）内的总成本费用，元/m³；W 为供水工程沿程总供水量（W 可以包括沿程的损失水量，以折算水量记，也可以不包括沿程的损失水量，以净增供水量记，只要前后一致即可）；其他符号意义同前。

从理论上而言，供水工程干线沿程各点的单方水供水成本均不相同，总的趋势是随着供水距离的增加而增加，但在具体工程及运行方式给定的条件下，各点的单方水供水成本是客观存在且唯一的，如图 7.14 所示。

在图 7.12 中，$D(a)$ 表示任一点 a 处的单方水供水成本，$D(T)$ 表示终点 T 处的单方水供水成本。

在实际情况下，由于运行费沿程分布函数、折旧费沿程分布函数、供水量沿程分布函数等一般都很难得到（只有区间的值），因此，

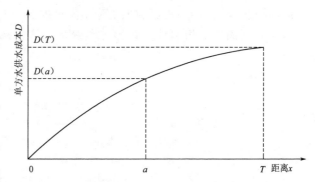

图 7.14　连续形式单方水供水成本沿程变化示意图

在实际应用时，式（7.19）可应用离散形式表示，如图 7.13 所示。

在离散情况下，n 点处的单方水供水成本 $D(n)$ 的计算见式（7.20）：

$$D(n) = \frac{2C(n)}{2W - W_1(n)} \qquad (7.20)$$

式中：$D(n)$ 为供水工程干线第 n 段的单方水供水成本，元/m³；$W_1(n)$ 为供水工程干

线（1，n）区间的用水量，$W_1(n) = \sum\limits_{i=1}^{n} W_i$，$m^3$；$C(n)$ 为供水工程干线（1，n）区间的总成本费用，$C(n) = \sum\limits_{i=1}^{n} [Y(i) + Z(i)]$，元；其他符号意义同前。

式（7.20）的计算结果如图 7.15 所示。

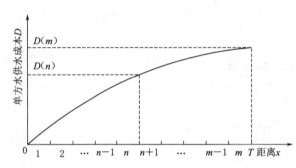

图 7.15　离散形式单方水的平均供水成本变化示意图

对于特定工程，当运行方式确定后，单方水的供水成本沿程变化曲线（或者折线，以下同）是唯一的。当有关数据给定后，代入式（7.20）即可求得干线工程沿线任一点处的单方水供水成本。

7.3.3　实用计算方法

在上述理论计算方法中，若 a 点的单方水供水成本为 $D(a)$，则（0，a）区间内的单方水供水成本为 $\dfrac{1}{2}D(a)$，这只是在理想状况下（全线供水量均匀等条件下）成立。在实际工程中，由于用水量沿程分布并不均匀，区间终点处的值与区间中点处的值并不一定是严格的两倍关系。因此，假定区间中点处的值为 $aD(a)$（α 一般在 0.5 左右），在（0，a）区间内，则供水成本平衡式为

$$\alpha D(a)\int_0^a g(x)\mathrm{d}x + D(a)\int_a^T g(x)\mathrm{d}x = \int_0^a [y(x) + z(x)]\mathrm{d}x$$

式中：右侧表示（0，a）区间内的运行费和折旧费，即总成本费用；左侧第一部分表示（0，a）区间内的用水量消耗的成本费用，第二部分表示向下游的供水量消耗的成本费用。

由上式有

$$D(a) = \frac{\int_0^a [y(x) + z(x)]\mathrm{d}x}{\alpha\int_0^a g(x)\mathrm{d}x + \int_a^T g(x)\mathrm{d}x} = \frac{C(a)}{\alpha W_1(a) + W_2(a)}$$

$$= \frac{C(a)}{W - (1-\alpha)W_1(a)} \tag{7.21}$$

式中：α 为不均匀修正系数；其他符号意义同前。

式（7.21）给出的是连续形式的计算公式，在实际应用时应为离散形式。离散形式的计算公式为

$$D(n) = \frac{C(n)}{W - (1-\alpha)W_1(n)} \tag{7.22}$$

式中符号意义同前。

式（7.22）即为大型调水工程单方水供水成本计算的实用公式，应用该公式即可求出供水工程沿线不同点（或者段）的单方水实际供水成本。对于某一工程而言，当运行方式确定后，由式（7.22）可给出一组 $D(1)$，$D(2)$，$D(3)$，…，$D(m)$，即客观、唯一的供水成本计算结果。

下面给出其计算步骤：

（1）计算 $C(n)$，$W_1(n)$。

（2）列出 $D(n)$ 的表达式。

（3）将 $D(n)$ 的表达式代入式（7.23）推求 α

$$\sum_{i=1}^{m} D(i) \cdot W_i = \sum_{i=1}^{m} C(i) = C \tag{7.23}$$

（4）将 α 代入式（7.22）计算 $D(n)$。

7.3.4 干线有分支时供水成本的计算方法

当干线工程有分支时，分支之前各段单方水供水成本的计算方法与无分支时完全相同。对于各分支线路应分别计算。

设供水工程干线分支前有 n 段，有两条分支线路，分别有 $n1$ 和 $n2$ 段（图 7.7），则干线分支前各段单方水供水成本的计算公式为

$$D(1) = \frac{C(1)}{W-(1-\alpha)W_1(1)}$$

$$D(2) = \frac{C(2)}{W-(1-\alpha)W_1(2)}$$

$$D(3) = \frac{C(3)}{W-(1-\alpha)W_1(3)} \tag{7.24a}$$

$$\vdots$$

$$D(n) = \frac{C(n)}{W-(1-\alpha)W_1(n)}$$

第 1 个分支各段单方水供水成本的计算公式为

$$D[n+1(1)] = \frac{C(n)+C_{n+1(1)}}{(W-W_{n2})-(1-\alpha)(W_1(n)+W_{n+1(1)})}$$

$$D[n+2(1)] = \frac{C(n)+C_{n+1(1)}+C_{n+2(1)}}{(W-W_{n2})-(1-\alpha)(W_1(n)+W_{n+1(1)}+W_{n+2(1)})} \tag{7.24b}$$

$$\vdots$$

$$D[n+n1(1)] = \frac{C(n)+C_{n+1(1)}+C_{n+2(1)}+\cdots+C_{n+n1(1)}}{(W-W_{n2})-(1-\alpha)(W_1(n)+W_{n+1(1)}+W_{n+2(1)}+\cdots+W_{n+n1(1)})}$$

第 2 个分支各段单方水供水成本的计算公式为

$$D[n+1(2)] = \frac{C(n) + C_{n+1(2)}}{(W - W_{n1}) - (1-\alpha)(W_1(n) + W_{n+1(2)})}$$

$$D[n+2(2)] = \frac{C(n) + C_{n+1(2)} + C_{n+2(2)}}{(W - W_{n1}) - (1-\alpha)(W_1(n) + W_{n+1(2)} + W_{n+2(2)})}$$

$$\vdots$$

(7.24c)

$$D[n+n2(2)] = \frac{C(n) + C_{n+1(2)} + C_{n+2(2)} + \cdots + C_{n+n2(2)}}{(W - W_{n1}) - (1-\alpha)(W_1(n) + W_{n+1(2)} + W_{n+2(2)} + \cdots + W_{n+n2(2)})}$$

式中符号意义同前，计算步骤也与之前相似，此处不再详述。

7.4　计算结果的验证

前面几节提出了单方水供水成本计算的有关理论与方法，本节简要验证计算结果。对于一个特定的工程，当运行方式确定后，供水成本就唯一确定；当工程分段数发生变化时，其成本分摊的结果应符合线性变化。下面以 7.1 节的计算方法为例，对计算结果进行验证。其他两种方法的验证过程不再详述。

7.4.1　供水成本均匀概化条件下的验证

假设某一项工程，该工程总的供水成本费用为 C，总供水量为 W，每段的供水成本和供水量均相同。若将该工程干线全线分为 8 段，每段的供水成本均为 $\frac{C}{8}$，每段供水量均为 $\frac{W}{8}$。应用式（7.10）的计算结果如下

$$D(1,1) = \frac{1}{8} \cdot \frac{C}{W}$$

$$D(1,2) = \frac{2}{8} \cdot \frac{C}{W}$$

$$D(1,3) = \frac{3}{8} \cdot \frac{C}{W}$$

$$\vdots$$

$$D(1,8) = = \frac{8}{8} \cdot \frac{C}{W} = 1 \cdot \frac{C}{W}$$

设 $D(1,n) = p_n \cdot \frac{C}{W}$，$p_n$ 定义为单方水成本系数。分为 8 段时的单方水成本系数计算结果见表 7.3 中第二行。

对于供水干线全线分为其他不同段数的情况，应用式（7.10）可类似计算，计算过程不再详述。分为 4 段和 2 段（偶数）与分为 7 段、5 段和 3 段（奇数）两种情况下的计算结果，分别见表 7.3 和表 7.4 及图 7.16 和图 7.17。

表 7.3   不同分段各段的单方水成本系数表（偶数）

前 n 段	1	2	3	4	5	6	7	8
分 8 段	0.125	0.25	0.375	0.5	0.625	0.75	0.875	1
分 4 段	0.25	0.5	0.75	1				
分 2 段	0.5	1						

表 7.4   不同分段各段的单方水成本系数表（奇数）

分 7 段	1	2	3	4	5	6	7
单方水成本系数	0.14	0.29	0.43	0.57	0.71	0.86	1
分 5 段	1	2	3	4	5		
单方水成本系数	0.20	0.40	0.60	0.80	1		
分 3 段	1	2	3				
单方水成本系数	0.33	0.67	1				

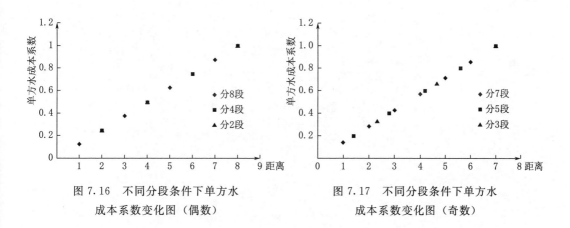

图 7.16 不同分段条件下单方水   图 7.17 不同分段条件下单方水
　　　成本系数变化图（偶数）   　成本系数变化图（奇数）

由图 7.16 和图 7.17 可见，在不同分段条件下各段单方水成本系数点据重合，均在一条直线上。

7.4.2 供水成本不均匀概化条件下的验证

假设某一项工程，该工程总的供水成本费用为 C，总供水量为 W。分别计算分为 8 段、4 段和 2 段的三种情况，应用式（7.10），不同分段情况下各段的单方水成本系数计算结果见表 7.5 和图 7.18。分为 8 段时，各段供水成本分别为 $\dfrac{1.7C}{10.8}$，$\dfrac{1.6C}{10.8}$，$\dfrac{1.5C}{10.8}$，$\dfrac{1.4C}{10.8}$，$\dfrac{1.3C}{10.8}$，$\dfrac{1.2C}{10.8}$，$\dfrac{1.1C}{10.8}$，$\dfrac{1C}{10.8}$；1～2、3～4、5～6、7～8 段的供水成本分别合并后得到分 4 段时各段的供水成本；1～4、5～8 段的供水成本分别合并后得到分 2 段时各段的供水成本。

表 7.5　　　　　　　　　　不同分段情况下各段的单方水成本系数表

前 n 段	1	2	3	4	5	6	7	8
分 8 段	0.1574	0.3056	0.4444	0.5741	0.6944	0.8056	0.9074	1
分 4 段	0.3056	0.5741	0.8056	1				
分 2 段	0.5741	1						

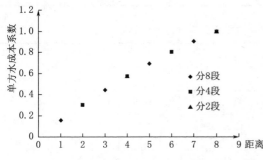

图 7.18　不同分段条件下单方水成本系数变化图

由图 7.18 可见，在供水成本不均匀概化条件下，不同分段数下各段的单方水成本系数点据仍然重合，均在一条曲线上，即各段的单方水成本系数与分段数多少无关，也与曲线线型无关。

由上可见，不论分段数多少，结果是唯一的。其他两种方法也可得到相同结论，不再详述。对于实际工程而言，结论完全相同，可根据第 12 章的应用结果给予证明。

第3篇 实 例 应 用 篇

第8章 南水北调东线工程概况

8.1 南水北调东线工程总体规划

南水北调东线工程基本任务是从长江下游调水，向黄淮海平原东部和山东半岛补充水源，与南水北调中线、西线工程一起，共同解决我国北方地区水资源紧缺问题。主要供水目标是解决调水线路沿线和山东半岛的城市及工业用水，改善淮北部分地区的农业供水条件，并在北方需要时，提供农业和部分生态环境用水。

根据国务院批准的《南水北调工程总体规划》，东线工程拟在2030年以前分三期实施：

一期工程首先调水到山东半岛和鲁北地区，有效缓解该地区最为紧迫的城市缺水问题，并为向天津市应急供水创造条件。规划工程规模为抽江流量500m³/s，入东平湖流量100m³/s，过黄河流量50m³/s，送山东半岛流量50m³/s。

二期工程增加向河北、天津供水，在一期工程的基础上扩建输水线路至河北省东南部和天津市，扩大抽江流量至600m³/s，过黄河流量100m³/s，到天津流量50m³/s，送山东半岛流量50m³/s。

三期工程继续扩大调水规模，抽江流量扩大至800m³/s，过黄河流量200m³/s，到天津流量100m³/s，送山东半岛流量90m³/s。计划于2030年以前建成，以满足供水范围内国民经济和社会发展对水的需求。

工程全线总长为1466.37km，通过13级泵站逐级向北提水，实现向苏北、皖东北、鲁西南、鲁北和山东半岛供水[35]。南水北调东线规划路径示意图如图8.1所示，东线工程总剖面图及泵站位置如图8.2所示。

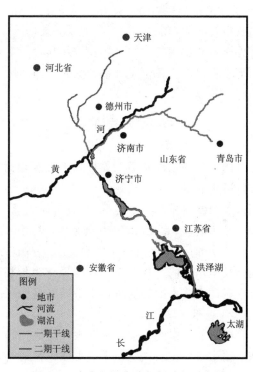

图8.1 南水北调东线规划路径示意图

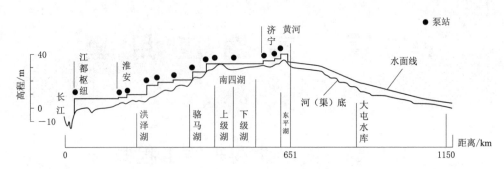

图 8.2　东线工程总剖面图及泵站位置

8.2　南水北调东线一期工程概况

南水北调东线一期工程规划从江苏省扬州附近的长江干流引水，利用京杭大运河以及与其平行的河道输水。黄河以南地势北高南低，全线最高处东平湖蓄水位与长江水位差40m，规划设 13 级泵站，连通洪泽湖、骆马湖、南四湖、东平湖等湖泊作为调蓄水库，经泵站逐级提水进入东平湖。到东平湖后分两路，一路向北在山东位山附近黄河河底建穿黄隧洞，调水过黄河，经小运河接七一河、六五河自流到大屯水库；另一路向东经济平干渠开辟胶东输水干线西段工程与原有引黄济青输水渠相接。

南水北调东线一期工程输水主干线和分干线长 1466.37km，其中东平湖以南1045.23km、穿黄段 7.87km、黄河以北 173.49km、胶东输水干线从东平湖至引黄济青输水渠长 239.78km。

南水北调东线一期工程利用江苏省江水北调原有工程、京杭运河及淮河、海河流域原有河道和建筑物，扩大规模、向北延伸，构成供水系统，并兼有巨大的防洪、除涝和航运等综合效益[36]。

8.2.1　工程规模及调水线路

1. 工程规模

南水北调东线一期工程规划工程规模为抽江流量 500m³/s，入东平湖流量 100m³/s，过黄河流量 50m³/s，送山东半岛流量 50m³/s。工程建成后，多年平均抽江水量 87.66 亿 m³，调入下级湖流量 29.70 亿 m³，过黄河流量 4.42 亿 m³，送胶东流量 8.83 亿 m³。

胶东输水干线利用 10 月至翌年 5 月非汛期共 243 天调水，东平湖渠首引水流量 46.3～54.3m³/s 时，可满足胶东供水区 95%保证率时调引江水的需求；在此基础上，将输水时间延长至汛末的 9 月下旬共 253 天作为校核引水天数，经复核，满足胶东供水区 95%保证率时调引江水的需求时，东平湖渠首引水流量为 47.3～51.8m³/s。

2. 调水线路

南水北调东线一期工程调水线路从江苏省扬州附近的长江干流引水，有三江营和高港两个引水口门：三江营引水经夹江、芒稻河至江都站，是东线工程的主要引水口门；高港是泰州引江河入口，在冬春季节长江低潮位时，承担经三阳河向宝应站补水的任务。从长江至洪泽湖，分别利用里运河、三阳河、苏北灌溉总渠和淮河入江水道送水；从洪泽湖至骆马湖，采用中运河和徐洪河双线输水；从骆马湖至南四湖，由中运河输水至大王庙后，利用韩庄运河、不牢河两路送水至南四湖下级湖；南四湖内利用全湖及湖内航道和行洪深槽输水；从南四湖以北至东平湖，利用梁济运河输水至邓楼，接东平湖新湖区内开挖的柳长河输水至八里湾，再由泵站抽水入东平湖老湖区；位山附近打通1条穿黄隧洞。

出东平湖后分两路输水，一路向北穿黄河后经小运河接七一河、六五河自流到德州大屯水库；另一路向东开辟山东半岛输水干线西段240km的河道，与原有引黄济青渠道相接，再经正在实施的胶东地区引黄调水工程送水至威海米山水库。

调水线路连通洪泽湖、骆马湖、南四湖、东平湖等湖泊输水和调蓄。为进一步加大调蓄能力，抬高洪泽湖、南四湖、下级湖非汛期蓄水位，治理利用东平湖蓄水，并在黄河以北建大屯水库，在胶东干线建东湖水库。

8.2.2 工程功能及性质

1. 工程功能

在综合考虑供、需水区服务范围，泵站、水库等大投资关键性工程的基础上[3]，南水北调东线一期工程可分为：长江—洪泽湖段、洪泽湖—骆马湖段、骆马湖—苏鲁省界段、苏鲁省界—下级湖段、下级湖—上级湖段、上级湖—东平湖段、鲁北段、胶东段共8段，见表8.1，另有工程管理信息系统、其他专项及截污导流工程3项。

表8.1　　南水北调东线一期工程全线新增及更新改造工程分段表

段号	分　段	工　程　名　称	工程性质
一	长江—洪泽湖段	江都站更新改造	更新改造
		宝应站	新建泵站
		金湖站	新建泵站
		洪泽站	新建泵站
		淮安二站更新改造	更新改造
		淮安四站	新建泵站
		淮阴三站	新建泵站
		三阳河、潼河	新开河道
		高水河整治	新开河道
		金宝航道	新开河道
		淮安四站输水河道	新开河道
		跨河桥梁工程	桥梁工程
		沿线影响工程	影响处理
		扬淮桥工程	桥梁工程
		里下河水源调整补偿工程	影响处理
		洪泽湖抬高蓄水位影响处理工程	影响处理

续表

段号	分　段	工　程　名　称	工程性质
二	洪泽湖—骆马湖段	泗洪站	新建泵站
		睢宁二站	新建泵站
		邳州站	新建泵站
		泗阳一站	新建泵站
		刘老涧二站	新建泵站
		皂河一站更新改造	更新改造
		皂河二站	新建泵站
		徐洪河影响处理工程	影响处理
		骆南中运河影响处理工程	影响处理
		沿运闸洞漏水处理工程	影响处理
三	骆马湖—苏鲁省界段	刘山一站	新建泵站
		解台一站	新建泵站
		蔺家坝泵站	新建泵站
		韩庄运河水资源控制工程	新开河道
		骆马湖水资源控制工程	供电等
四	苏鲁省界—下级湖段	台儿庄一站	新建泵站
		万年闸一站	新建泵站
		韩庄一站	新建泵站
五	下级湖—上级湖段	二级坝泵站	新建泵站
		南四湖疏浚	新开河道
		南四湖水资源监测工程	供电等
		南四湖下级湖抬高蓄水位影响处理工程	影响处理
		大沙河闸	水资源控制
		姚楼河闸	水资源控制
		杨官屯河闸	水资源控制
		潘庄引河闸	水资源控制
六	上级湖—东平湖段	长沟一站	新建泵站
		邓楼一站	新建泵站
		东平湖蓄水影响处理工程	影响处理
		八里湾一站	新建泵站
		梁济运河灌区影响处理	影响处理
		梁济运河河道	新开河道
		柳长河	新开河道

续表

段号	分 段	工 程 名 称	工程性质
七	鲁北段	小运河	新开河道
		小运河灌区影响处理工程	影响处理
		七一河、六五河	新开河道
		七一河、六五河灌区影响处理工程	影响处理
		大屯水库	蓄水工程
		穿黄工程	穿黄
八	胶东段	济平干渠工程	新开河道
		胶东济南至引黄济青段输水河道	新开河道
		东湖水库	蓄水工程
		双王城水库	蓄水工程

注 除表中列出的八大项工程之外，还包括工程管理信息系统（供电、通讯水情水质监测系统）、其他专项（已开工项目材料设备调差、移民机构开办费、沿线文物保护特殊科研及专项费用）及截污导流工程（徐州截污导流工程及山东省截污导流工程）三项，这些工程均是贯穿南水北调东线一期工程全线的工程，不在全线分段中列出。

水利工程有各种功能，包括防洪、排涝、供水、发电、航运、生态保护等。供水作为水利工程诸多功能中的一种，测算供水成本时必须将水利工程的投资在供水和其他功能之间进行分摊，以得出该水利工程投资中为供水服务的部分。因此，在进行南水北调供水成本核算时要考虑沿线各工程供水应该分摊的份额并进行详细研究。

2. 工程性质

南水北调工程新老资产重叠，对南水北调工程资产核算有重要的影响。因此，对南水北调干线工程的性质进行归纳分类，其目的是为了更好地结合实际情况，满足供水成本核算的需要。南水北调东线干线工程按不同的分类标准又可分为以下几类。

（1）按工程的投资建设时间可分为新增工程和原有工程。新增工程是指新增加的工程，新增工程的成本是因为增加供水量而产生的费用，计入南水北调东线一期工程的供水成本。原有工程一般都有调水、除涝、航运等综合利用功能，江苏现状调水也利用这些工程，因此原有工程的年费用应当在这些目标间进行合理分摊，南水北调东线一期工程只承担其中应该承担的部分费用。

（2）按工程的服务对象可分为共用工程和专门工程。共用工程是指为两个以上区段服务的工程，其投资应由受益区段共同分摊。专用工程是专门为某一功能或地区服务的工程。

（3）按工程功能不同可分为河道工程、泵站工程等，按照提供的服务不同又可分为排涝工程、截污导流工程、影响处理工程、调蓄工程、水情水质监测工程，这些工程在成本费用分摊时也有区别。因此，需要结合实际进行工程的明细分析。

南水北调东线一期干线工程原有工程基本情况及具体分类见表8.2～表8.3。

表 8.2 南水北调东线一期干线工程原有工程基本情况汇总表

序号	工程名称	工程类别	功能	基 本 情 况
1	江都站 (1、2、3、4)	原有泵站	抽水、排涝	与新建宝应站构成东线第一级泵站,其中3、4站进行更新改造
2	淮安一站	原有泵站	抽水、排涝	东线第二级泵站之一
3	淮安二站	原有泵站	抽水、排涝	东线第二级泵站之一,进行更新改造
4	淮安三站	原有世行泵站	抽水、发电	东线第二级泵站之一
5	淮阴一站	原有泵站	抽水	东线第三级泵站之一
6	淮阴二站	原有泵站	抽水	东线第三级泵站之一
7	泗阳一站	原有世行泵站	抽水、发电	东线第四级泵站之一,拆除老站建新站项目
8	泗阳二站	原有世行泵站	抽水	东线第四级泵站之一
9	睢宁一站	原有世行泵站	抽水	东线第五级泵站之一
10	刘老涧一站	原有世行泵站	抽水、发电	东线第五级泵站之一
11	皂河一站	原有泵站	抽水、排涝、航运	东线第六级泵站之一,进行更新改造
12	刘山一站	原有泵站	抽水	东线第七级泵站之一,拆除老站建新站项目
13	解台一站	原有泵站	抽水	东线第八级泵站之一,拆除老站建新站项目
14	夹江、芒稻河	原有河道	调水、排涝、航运	三江营—江都西闸,全长22.4km
15	里运河	原有河道	调水、排涝、航运	江都站—淮安闸,长126.85km
16	新通扬运河	原有工程	调水、排涝、航运	江都西闸—宜陵段,长12.76km
17	入江水道	原有河道	调水、排涝、航运	金湖站—洪泽站,长39.96km
18	苏北灌溉总渠	原有河道	调水、排涝、航运	淮安闸—淮阴一站,长28.47km
19	京杭运河	原有河道	调水、排涝、航运	淮安闸—淮阴二站,长26.94km
20	徐洪河	原有河道	调水、排涝、航运	顾勒河口—邳州站,长120km
21	房亭河	原有河道	调水、排涝、航运	邳州站—中运河,长6km
22	二河	原有河道	调水、排涝、航运	二河闸—淮阴闸,长30km
23	骆南中运河	南水北调河道	调水、排涝、航运	淮阴闸—皂河闸,长113.6km
24	骆北中运河	原有河道	调水、排涝、航运	皂河站—苏鲁省界,长54km
25	不牢河	原有河道	调水、排涝、航运	大王庙—蔺家坝,长71.22km
26	韩庄运河	原有河道	调水、排涝、航运	苏鲁省界—老运河口,长47.41km
27	大运河检测调度	原有世行项目	调水、航运	1995年江苏省利用世行贷款建成
28	高港泵站	原有泵站	调水、排涝	备用工程
29	泰州引江河	原有河道	调水、排涝、航运	备用工程,长24km
30	新通扬运河 (泰州—宜陵段)	原有河道	调水、排涝、航运	备用工程

注 表中均为共用工程。

表 8.3 南水北调东线一期干线工程新建工程基本情况汇总表

序号	工程名称	工程类别	功能	共用/专用	河长	备 注
1	三阳河潼河	河道工程	调水、排涝	共用	82.00km	将江水输送至宝应站,并可提高里下河地区的排泄能力
	跨河桥梁工程	桥梁工程	调水、排涝	共用		
	沿线影响工程	影响处理	调水、排涝	共用		
2	高水河整治	河道工程	调水、排涝	共用	15.20km	由于使用年限较长,部分堤段存在行水障碍,东、西堤沿线大部分建筑存在运行隐患
3	金宝航道	河道工程	调水、排涝	共用	66.75km	现状输水能力不能满足设计要求,宝应湖地区现状除涝标准低,需要进行综合整治
4	淮安四站输水河道	河道工程	调水、排涝	共用	29.80km	主要是输水,另外可以提高白马湖地区、新河两岸的排泄能力
5	韩庄运河水资源控制工程	水资源控制工程	调水、排涝	共用	42.81km	韩庄运河两岸较大支流较多,河口地势低洼且无控制,南水北调实施后,输水时间较长,沿运低洼地带涝水出路受阻,干流渗水导致部分地方积涝。必须进行控制
6	南四湖疏浚	河道工程	调水、排涝	共用	34.00km	南四湖上级湖现状不能满足南水北调东线一期工程输水要求,必须进行扩挖疏浚
7	梁济运河河道	河道工程	调水、排涝	共用	57.89km	梁济运河的开挖源于航运,后由于需承担排泄大面积的当地洪涝水,是山东引黄灌溉的一条重要河道,南水北调工程利用梁济运河输水,需要对灌区引水进行调整
8	柳长河	河道工程	调水、排涝	共用	20.20km	目前排涝自排标准较低,南水北调通水后,梁济运河高水位,无法自排,内涝成灾,必须提水抽排,需要进行改扩建
9	小运河	河道工程	调水、排涝	共用	96.92km	小运河起点穿黄工程出口,终点临清邱屯闸
10	七一、六五河	河道工程	调水、排涝	共用	76.57km	七一、六五河起点临清邱屯闸,终点大屯水库

8.2.3 工程资金结构

1. 工程投资

南水北调东线一期工程共分为 16 个单项,分别为三阳河—潼河—宝应站工程,江苏省长江骆马湖段(2003 年度)工程,长江—骆马湖段其他工程,江苏骆马湖—南四湖段工程,山东段韩庄运河工程,山东南四湖至东平湖段工程,穿黄河工程,东平湖蓄水位影响处理工程，鲁北段工程，济平干渠工程，胶东济南至引黄济青段工程，南四湖水资源管理及水质监测工程，洪泽湖、南四湖、下级湖抬高蓄水位影响处理工程，一期工程调度运行管理系统，江苏省截污导流工程，山东省截污导流工程，详见参考文献 [31]。

南水北调东线一期工程静态总投资 260.48 亿元，总投资 383.00 亿元。

江苏省里下河水源调整补偿工程估算静态总投资 16.04 亿元，其中 12.5 亿元进入东线一期工程总投资，其余投资由江苏省自行解决。山东省南四湖—东平湖段结合航运方案静态总投资 33.56 亿元，其中调水工程部分投资 21.00 亿元进入南水北调东线一期工程总投资，航运工程部分投资 12.56 亿元由交通部和山东省承担。

2. 工程建设资金筹措

工程建设资金筹措与工程建设、营运、管理体制密切相关，不同的体制对应的筹资方案是不同的。根据国务院南水北调工程建设委员会印发的《南水北调工程项目法人组建方案》，南水北调东线一期工程主体工程组建南水北调东线江苏水源有限责任公司和南水北调东线山东干线有限责任公司，分别负责江苏省和山东省境内工程的建设、营运和管理工作。

根据国务院批准的《南水北调工程总体规划》、国务院南水北调工程建设委员会印发的《南水北调工程项目法人组建方案》和国务院南水北调工程建设委员会第二次会议纪要以及有关主管部门的要求，南水北调东线一期工程建设资金筹措原则如下。

（1）南水北调工程建设资金通过中央预算内拨款、南水北调基金和银行贷款三个渠道筹集。其中，中央预算内拨款占总投资的 30%，贷款占总投资的 45%，南水北调基金占总投资的 25%。

（2）实行资本金制度。中央预算内拨款和工程建设期间筹集的南水北调基金分别作为中央和地方的资本金。

（3）南水北调东线江苏水源有限责任公司和南水北调东线山东干线有限责任公司是独立的法人。

（4）对主体工程建设资金中资本金占总投资的 55%，其余 45% 为银行贷款，贷款利率为 6.12%，贷款偿还期为 25 年。

3. 部分工程资金筹措建议

南水北调东线一期工程规划抬高洪泽湖蓄水位，实施该工程能够增加淮水利用，减少抽江水量，有效降低长江至洪泽湖段三级泵站的装机利用小时数，节约电费，并提高南水北调东线工程泵站系统运行的安全性，效益巨大。但是，抬高洪泽湖蓄水位客观上对安徽省洪泽湖周边地区带来的影响，需要安排影响处理工程，因此南水北调东线一期工程中配建的抬高洪泽湖蓄水位对安徽省的影响处理工程投资不宜由安徽省承担，同时由于该工程既不在江苏省境内，又不在山东省境内，因此，该部分投资（3.54 亿元）由中央出资，工程建成后，交由安徽省运营管理。

第9章 南水北调东线一期工程的
供水成本核算

9.1 干线上游段供水成本计算

南水北调东线一期工程上游段各工程静态投资参见文献［31］，上游段供水成本计算费用包括上游段的新建工程投资费用和应分摊的原有工程费用。

为方便核算上游段供水成本，首先将南水北调东线一期工程上游段工程进行汇总，见表9.1。

表 9.1　　　　　　　　南水北调东线一期工程上游段工程汇总表

段号	分　段	序号	工　程　名　称	工程性质
一	长江—洪泽湖段	1	江都站（1、2、3、4）	原有泵站
		2	淮安一、二、三站	原有泵站
		3	淮阴一、二站	原有泵站
		4	夹江、芒稻河等7条河道	原有河道
		5	高港泵站	备用泵站
		6	泰州引江河	备用河道
		7	新通扬运河（泰州—宜陵段）	备用河道
		8	高水河整治，三阳河、潼河等4条河道	新开河道
		9	江都3、4站	更新改造泵站
		10	宝应、金湖、洪泽、淮安四站、淮阴三站等5个	新建泵站
		11	淮安二站更新改造	更新改造泵站
		12	三阳河、潼河的跨河桥梁工程、杨淮桥工程	桥梁工程
		13	里下河水源调整补偿工程	影响处理
		14	洪泽湖抬高蓄水位影响处理工程	影响处理
二	洪泽湖—骆马湖段	1	泗阳一、二站，刘老涧一站，睢宁一站3个	原有世行泵站
		2	皂河一站	原有泵站
		3	徐洪河、骆南中运河	原有河道
		4	泗洪站、睢宁二站、邳州站、皂河二站、刘老涧二站	新建泵站
		5	皂河一站更新改造	更新改造泵站
		6	泗阳一站	拆老建新泵站
		7	徐洪河影响处理工程	影响处理工程
		8	骆马湖以南中运河影响处理工程	影响处理工程
		9	沿运闸洞漏水处理工程	影响处理工程

续表

段号	分　段	序号	工　程　名　称	工程性质
三	骆马湖—苏鲁省界段	1	刘山一站、解台一站	原有泵站
		2	房亭河、骆北中运河、不牢河	原有河道
		3	刘山一站、解台一站、蔺家坝泵站	新建泵站
		4	骆马湖水资源控制工程	供电等
四	工程管理信息系统	1	调度运行系统、管理机构设施费	供电等
五	其他工程	1	移民机构开办、沿线文物保护和特殊科研及专项费	其他
六	截污导流工程	1	徐州市	截污导流

各工程的详细情况见表8.4，同时还包括全线分摊的工程管理信息系统、其他工程和截污导流工程。

9.1.1　原有工程为干线上游段增供水量服务的成本费用计算

南水北调东线一期工程使用了江苏省境内大量的原有工程，为方便计算，把上游段的供水工程分为原有工程和新增工程分别计算。其中在原有工程计算中，韩庄运河属于下游段工程，其余原有工程全部属于上游段工程，故原有工程中为南水北调东线一期工程增供水量服务的上游段的成本费用等于原有工程中为南水北调东线一期工程增供水量服务的干线成本费用减去韩庄运河段的成本费用。上游段原有工程的供水成本费用汇总见表9.2。

表 9.2　　　　　　　上游段原有工程供水成本费用汇总表　　　　　单位：万元

工程类别	固定资产折旧费	运行维护费	合计
原有泵站	1375.83	1323.17	2699.00
原有河道	0.00	531.12	531.12
其他原有工程	291.31	145.66	436.97
高港泵站	48.99	47.10	96.09
合计	1716.13	2047.05	3763.18

9.1.2　新增工程的成本费用计算

1. 水资源费

暂不计水资源费。

2. 固定资产折旧费

固定资产折旧费计算方法详见4.1。计算结果见表9.3。

表 9.3　　　　　　上游段新建工程固定资产折旧费计算结果汇总表　　　　　单位：万元

段号	分　段	工　程　名　称	工程性质	静态投资	固定资产额	折旧费/贷款
1	长江—洪泽湖段	江都站更新改造	更新改造	23987	10794.15	382.16
		宝应站	泵站	13412	13412.00	405.47
		金湖站	泵站	36386	28354.87	1100.02

续表

段号	分　段	工　程　名　称	工程性质	静态投资	固定资产额	折旧费/贷款
1	长江—洪泽湖段	洪泽站	泵站	42365	28530.87	1280.77
		淮安二站更新改造	更新改造	5244	2360.00	83.55
		淮安四站	泵站	14925	12305.96	451.21
		淮阴三站	泵站	22696	18460.91	686.14
		三阳河、潼河	河道	63559	9676.00	1478.08
		高水河整治	河道	13252	4242.40	308.18
		金宝航道	河道	59723	10190.31	1388.88
		淮安四站输水航道	河道	27432	4397.20	637.94
		跨河桥梁工程	桥梁工程	8526	8526.00	198.27
		扬淮桥工程	桥梁工程	638	638.00	14.84
		（三阳河、潼河和宝应站）沿线影响工程	影响处理	5455	5455.00	184.26
		里下河水源调整补偿工程	影响处理	125000	76595.69	1073.56
		洪泽湖抬高蓄水位影响处理工程	影响处理	23788	22972.00	885.67
		小计		486388	256911.36	12753.02
2	洪泽湖—骆马湖段	泗洪站	泵站	51660	40915.79	1561.78
		睢宁二站	泵站	21894	14199.87	661.90
		邳州站	泵站	31090	20745.87	939.91
		泗阳一站	泵站	12950	11411.96	391.50
		刘老涧二站	泵站	17104	12416.91	517.09
		皂河一站更新改造	更新改造	8881	3996.45	141.49
		皂河二站	泵站	23232	17980.91	702.35
		徐洪河影响处理工程	影响处理	18702	11459.94	369.35
		骆南中运河影响处理工程	影响处理	11273	6907.71	220.36
		沿运闸洞漏水处理	影响处理	8829	5410.11	206.07
		小计		205615	145445.52	5711.80
3	骆马湖—苏鲁省界段	刘山一站	泵站	13875	12336.96	419.47
		解台一站	泵站	13875	12336.96	419.47
		蔺家坝泵站	泵站	20939	18263.96	633.03
		骆马湖水资源控制工程	供电等	2828	2647.00	164.42
		小计		51517	45584.88	1636.37
4	工程管理信息系统	调度运行系统、管理机构设施费	供电等	27117	27117.00	1576.54

续表

段号	分段	工程名称	工程性质	静态投资	固定资产额	折旧费/贷款
5	其他专项	移民机构开办	其他工程	300	348.83	17.44
		沿线文物保护		3667	4263.86	213.19
		特殊科研及专项费用		2729	3173.19	158.66
		小计		6696	7785.88	389.29
6	截污导流工程	徐州市	截污导流	18000	8100.00	551.49
	合计			795333	490944.64	20424.51

3. 工程维护费

上游段工程维护费计算结果见表 9.4。

表 9.4　　　　　　　　　　上游段工程维护费计算结果汇总表　　　　　　　　单位：万元

段号	分段	工程名称	工程性质	静态投资	占地补偿费	固定资产额	维护费
1	长江—洪泽湖段	江都站更新改造	更新改造	23987		10794.15	269.85
		宝应站	泵站	13412		13412.00	335.30
		金湖站	泵站	36386	3417	28354.87	708.87
		洪泽站	泵站	42365	9220	28530.87	713.27
		淮安二站更新改造	更新改造	5244		2360.00	59.00
		淮安四站	泵站	14925	1081	12305.96	307.65
		淮阴三站	泵站	22696	1159	18460.91	461.52
		三阳河、潼河	河道	63559	39369	9676.00	241.90
		高水河整治	河道	13252	2646	4242.40	106.06
		金宝航道	河道	59723	26557	10190.31	254.76
		淮安四站输水航道	河道	27432	16439	4397.20	109.93
		跨河桥梁工程	桥梁工程	8526		8526.00	213.15
		扬淮桥工程	桥梁工程	638		638.00	15.95
		沿线影响	影响处理	5455		5455.00	136.38
		洪泽湖抬高蓄水位影响处理	影响处理	23788	816	22972.00	574.30
		小计		361388	100704	180315.68	4507.89
2	洪泽湖—骆马湖段	泗洪站	泵站	51660	3054	40915.79	1022.89
		睢宁二站	泵站	21894	3080	14199.87	354.99
		邳州站	泵站	31090	5730	20745.87	518.65
		泗阳一站	泵站	12950		11411.96	285.31
		刘老涧二站	泵站	17104	1611	12416.91	310.42
		皂河一站更新改造	更新改造	8881		3996.45	99.91
		皂河二站	泵站	23232	2175	17980.91	449.52
		小计		166811	15650	121667.77	3041.69

续表

段号	分　段	工程名称	工程性质	静态投资	占地补偿费	固定资产额	维护费
3	骆马湖—南四湖江苏段	刘山一站	泵站	13875		12336.96	308.42
		解台一站	泵站	13875		12336.96	308.42
		蔺家坝泵站	泵站	20939	1137	18263.96	456.60
		骆马湖水资源控制工程	供电等	2828	181	2647.00	66.18
		小计		51517	1318	45584.87	1139.62
4	江苏省	工程管理信息系统	供电等	27117	0	27117.00	677.93
5	其他专项	移民机构开办	其他工程	300	300	348.83	8.72
		沿线文物保护		3667	3667	4263.86	106.60
		特殊科研及专项费用		2729	0	3173.19	79.33
		小计		6696	0	7785.88	68.23
	合计			613529	124368	382471.20	9561.78

由于移民机构开办费、特殊科研及专项费用是贯穿全线的，在计算时，按照上下游段平均分摊静态投资确定固定资产折旧费和工程维护费。

4. 管理人员工资福利费

南水北调东线一期工程管理机构编制定员为 3132 人，其中上游段编制 2007 人（利用原有管理人员 1307 人，新增 700 人），省界工程编制 272 人[31]，省界人员计入下游段。新增人员为 700 人，管理人员人均年工资标准暂按 1.0 万元计算，福利费为工资的 14%，劳动保护统筹为工资的 17%，住房公积金为工资的 10%。所以上游段新增管理人员工资福利费为 891.26 万元。

5. 工程管理费

工程管理费按管理人员工资福利费的 1.5 倍考虑，经计算得工程管理费为 1336.89 万元。

6. 贷款年利息净支出

南水北调东线一期工程上游段静态总投资 797209 万元，贷款数额为 358774.05 万元，建设期末贷款本利和为 441117.60 万元。由式（4.2）和式（4.3）得出贷款年利息净支出为

$$A = \frac{(1.0612)^{16} \times 0.0612}{(1.0612)^{16} - 1} \times I_c - \frac{I_c}{16} = 16440.10（万元）$$

7. 抽水电费

抽水电费是南水北调东线一期工程成本费用中的重要一项，干线上共有 13 级梯级泵站，逐级提水需要消耗大量的电能。

抽水电费计算见式（4.5）。抽水电费计算结果见表 9.5。

表 9.5　　　　　　　南水北调东线一期工程上游段抽水电费计算结果表

序号	分段	工程名称	抽水量/亿 m³	平均扬程/m	电费/万元
1	长江—洪泽湖段	江都一站	3.18	6.40	369.50
		江都二站	3.18	6.40	369.50
		江都三站	5.45	6.40	698.47
		江都四站	8.68	6.40	1168.26
		宝应站	17.54	7.19	2768.43
		金湖站	24.84	2.05	1062.86
		洪泽站	23.91	5.54	2912.45
		淮安一站	2.14	3.79	91.76
		淮安二站	4.01	3.45	221.63
		淮安三站	2.21	3.98	106.80
		淮安四站	4.46	4.05	317.96
2	洪泽湖—骆马湖段	淮阴一站	4.30	3.36	235.32
		淮阴二站	3.65	3.15	168.42
		淮阴三站	4.87	3.06	245.82
		泗洪站	21.90	1.61	707.57
		睢宁一站	6.14	8.12	1039.44
		睢宁二站	11.31	8.30	2036.31
		邳州站	15.52	2.80	893.51
		泗阳一站	15.33	5.55	1837.71
		刘老涧一站	6.44	2.76	310.75
		刘老涧二站	4.99	3.40	292.30
		皂河一站	8.49	4.60	793.37
		皂河二站	3.18	4.60	239.88
3	骆马湖—下级湖段	刘山一站	15.01	3.67	1157.33
		解台一站	14.74	5.45	1730.25
		蔺家坝泵站	13.49	2.08	544.26
合计					22319.97

8. 其他费用

上游段工程成本中的其他费用计算按照不包括固定资产折旧费、贷款年利息支出和抽水电费的上述各项费用之和的 5% 考虑[1]，其他费用为：5%×(9561.78＋891.26＋1336.89)=589.50（万元）。

9. 成本费用汇总

参照前面的计算结果，南水北调东线一期工程干线上游段新增工程成本费用汇总见表 9.6。

表 9.6　　　　南水北调东线一期工程干线上游段新增工程成本费用汇总表　　　单位：万元

类　别		新增工程
固定资产折旧费/贷款		20424.51
年运行费用	工程维护费	9561.78
	管理人员工资及福利费	891.26
	工程管理费	1336.89
	贷款年利息净支出	16440.10
	抽水电费	22319.97
	其他费用	589.50
	小计	51139.50
上游段总成本费用		71564.01

9.1.3　干线上游段供水成本计算

南水北调东线一期工程上游段工程需要进行多功能分摊，其中新建工程供水功能分摊系数为 0.903，排涝功能分摊系数为 0.015，航运功能分摊系数为 0.082。上节给出了南水北调东线一期工程上游段新增工程的成本费用（表 9.6），乘以供水分摊系数即可得到南水北调东线一期工程中上游段新增工程的供水成本费用，计算结果见表 9.7。

表 9.7　　　南水北调东线一期工程干线上游段新增工程的供水成本费用汇总表　　　单位：万元

类　别		新增工程	原有工程	合计
固定资产折旧费/贷款		20424.51	1716.13	22140.64
年运行费用	工程维护费	9561.78	2047.05	11608.83
	管理人员工资及福利费	891.26		891.26
	工程管理费	1336.89		1336.89
	贷款年利息净支出	16440.10		16440.10
	抽水电费	22319.97		22319.97
	其他费用	589.50	102.35	691.85
	小计	51139.50	2149.40	53288.90
上游段总供水成本		71564.01	3865.53	75429.54

南水北调东线一期工程完工后，上游段本身多年平均增供水量为 19.32 亿 m^3，下游段多年平均增供水量为 16.69 亿 m^3，合计多年平均增供水量为 36.01 亿 m^3。

根据式（5.1）和表 9.6 中的上游段总供水成本，可求得南水北调东线一期工程上游段单方水供水成本为

$$UC = \frac{\sum_{j=1}^{n} C_j + \sum_{j=1}^{n} U_j}{W} = \frac{22140.64 + 53288.90}{36.01 \times 10000} = 0.209 \, (元/m^3)$$

9.2 干线下游段供水成本计算

南水北调东线一期工程干线下游段（本书中称为山东省境内干线工程，范围为：南起苏鲁省界，北至大屯水库，东至引黄济青闸，以下同）各工程静态投资参见参考文献[36]，干线下游段（山东省境内干线工程）供水成本计算费用包括山东省干线的新建工程投资费用和应分摊的原有工程费用。

9.2.1 计算要素

1. 供水成本

南水北调东线一期工程山东省境内干线工程总费用包括新建工程投资费用和应分摊的原有工程的费用两部分，包括水资源费、固定资产折旧费、工程维护费、管理人员工资福利费、工程管理费、贷款年利息净支出、抽水电费和其他费用等共8部分。

2. 工程汇总

为便于计算山东省境内干线工程供水成本，将南水北调东线一期工程山东省境内所有干线工程进行汇总。参见参考文献[31]，山东省境内干线工程汇总见表9.8。

表 9.8　　　　　　　　　　山东省境内干线工程汇总表

段号	分　段	序号	工程项目	工程性质
一	苏鲁交界—下级湖韩庄运河段	1	台儿庄一站等3个泵站	新建泵站
		2	韩庄运河水资源控制工程	水资源控制
		3	韩庄运河（苏鲁省界到老运河口）	原有河道
二	南四湖段	1	南四湖疏浚工程	新建河道
		2	二级坝泵站	新建泵站
		3	南四湖下级湖抬高蓄水位影响处理工程	影响处理工程
		4	南四湖水资源检测、控制工程	检测控制工程
三	南四湖—东平湖段	1	梁济运河、柳长河	新建河道
		2	长沟一站等3个泵站	新建泵站
		3	东平湖蓄水影响处理工程	影响处理工程
四	穿黄工程	1	穿黄工程	穿黄
五	鲁北段工程	1	小运河、七一河、六五河	新建河道
		2	大屯水库	调蓄工程
六	胶东段工程	1	济平干渠工程	新建河道
		2	胶东济南至引黄济青段工程河道工程	新建河道
		3	东湖水库、双王城水库	调蓄工程
七	影响处理和截污导流工程	1	梁济运河灌区影响处理工程	只考虑贷款还本付息费用的工程
		2	鲁北灌区影响处理工程	
		3	山东省截污导流工程	
八	其他工程	1	山东省境内干线工程管理信息系统	
		2	沿线文物保护	

9.2.2 成本计算

1. 水资源费

暂不计水资源费。

2. 固定资产折旧费

固定资产折旧费计算方法详见 4.2 节。根据《关于印送南水北调东线一期工程水量和水价问题协调会纪要的通知》（办规计〔2006〕175 号），韩庄运河为原有河道，只考虑运行费；梁济运河灌区影响处理工程、鲁北灌区影响处理工程 2 个项目只考虑贷款还本付息费用；山东省内的截污导流工程只考虑贷款还本付息费用，并计入供水成本。采用年综合折旧率法计算的工程固定资产折旧费见表 9.9。

表 9.9　　　　采用年综合折旧率法计算的工程固定资产折旧费结果表　　　　单位：万元

段号	分段	序号	工程项目	固定资产额	固定资产折旧费
一	苏鲁交界—下级湖段	1	台儿庄一站	27594.75	717.46
		2	万年闸一站	28014.51	728.38
		3	韩庄一站	31544.67	820.16
		4	韩庄运河水资源控制工程	2181.35	109.07
二	下级湖—上级湖段	5	南四湖疏浚	9571.89	191.44
		6	南四湖水资源监测工程	4194.095	209.70
		7	大沙河闸	17699.62	884.98
		8	姚楼河闸		
		9	杨官屯河闸		
		10	潘庄引河闸		
		11	二级坝泵站	33372.53	867.69
三	上级湖—东平湖段	12	梁济运河	64031.17	1280.62
		13	柳长河	51434.93	1028.70
		14	长沟一站	30202.84	785.27
		15	邓楼一站	30352.83	789.17
		16	八里湾一站	30294.70	787.66
四	鲁北段	17	小运河	193583	3871.66
		18	七一河、六五河	44251.37	885.03
五	胶东段	19	济平干渠	148841	2976.82
		20	济南到引黄济青段输水河道	538369.80	10767.40
六	工程管理信息系统	21	工程管理信息系统	32130.70	1606.54
七	其他	22	沿线文物保护	7835.88	391.79
		23	其他专项	3522.02	176.10
合计				1329023.59	29875.64

根据《关于印送南水北调东线一期工程水量和水价问题协调会纪要的通知》（办规计〔2006〕175 号），梁济运河灌区影响处理工程、鲁北段灌区影响处理工程、骆马湖以北截污导流工程只考虑贷款还本付息，计入供水成本。梁济运河灌区影响处理工程、鲁北段灌

区影响处理工程、穿黄工程、东平湖蓄水影响处理工程、南四湖、下级湖抬高蓄水位影响处理工程和调蓄水库工程的年综合折旧率见表9.10；截污导流工程的年综合折旧率暂取0.05，上述工程折旧费计算结果见表9.11。

表 9.10　　　　　　　　　部分工程年综合折旧率计算结果表

类别	序号	工 程 项 目	静态投资/万元	建筑工程/万元	机电设备/万元	金属工程/万元	其他/万元	年综合折旧率
一	1	里下河水源调整补偿工程	160390	36609	5917	1174	116690	0.04266
	2	梁济运河灌区影响处理工程	18147	7548	0	219	10239	0.03722
	3	鲁北段灌区影响处理工程	16500	6168	466	250	9616	0.03825
	4	徐洪河影响处理工程	18702	10712	244	507	7239	0.03223
	5	骆南中运河影响处理工程	11273	6417	709	265	3882	0.03190
	6	沿运闸洞漏水处理	8829	1585	199	3337	3708	0.03809
二	7	跨河桥梁工程	8526	8526	0	0	0	0.02000
	8	沿线影响工程	5455	3485	330	386	1254	0.02905
	9	杨淮桥工程	638	638	0	0	0	0.02000
	10	洪泽湖抬高蓄水位影响处理工程	23788	12357	2656	1826	6949	0.03202
	11	南四湖、下级湖抬高蓄水位影响处理工程	36755	0	0	0	36755	0.05000
	12	穿黄工程	58305	30260	265	627	26853	0.03415
	13	东平湖蓄水影响处理工程	39761	2434	308	56	36963	0.04806
	14	其他专项工程	16464	0	0	0	16464	0.05000

表 9.11　　　　　　　　　部分工程资产折旧费计算结果表

序号	工 程 项 目	固定资产额/万元	年综合折旧率	折旧费/万元
1	穿黄工程	67795.05	0.03415	2315.20
2	南四湖、下级湖抬高蓄水位影响处理工程	42737.45	0.0500	2136.87
3	东平湖蓄水影响处理工程	46232.72	0.04806	2221.94
4	大屯水库	86595.80	0.03781	3274.19
5	东湖水库	85616.75	0.03869	3312.51
6	双王城水库	76701.83	0.03422	2624.74
7	梁济运河灌区影响处理工程	11119.86	0.03728	414.55
8	鲁北段灌区影响处理工程	10110.63	0.03825	386.73
9	截污导流工程	90412.33	0.0500	4520.62
	合计	517322.40		21207.35

　　将表9.9和表9.11汇总，得山东省境内干线工程分段分项工程固定资产折旧费，见表9.12。由表9.12可见，南水北调东线一期工程山东省境内干线工程固定资产折旧费合计为51082.99万元。

表9.12　　　　山东省境内干线工程分段分项固定资产折旧费计算结果汇总表　　　　单位：万元

段号	分　段	序号	工　程　项　目	固定资产额	固定资产折旧费
一	苏鲁交界—下级湖段	1	台儿庄一站	27594.75	717.46
		2	万年闸一站	28014.51	728.38
		3	韩庄一站	31544.67	820.16
		4	韩庄运河水资源控制工程	2181.35	109.07
			小计	89335.28	2309.63
二	下级湖—上级湖段	5	南四湖疏浚	9571.89	191.44
		6	南四湖水资源监测工程	4194.10	209.70
		7	南四湖、下级湖抬高蓄水位影响处理工程	42737.45	2136.87
		8	大沙河闸	17699.62	884.98
		9	姚楼河闸		
		10	杨官屯河闸		
		11	潘庄引河闸		
		12	二级坝泵站	33372.53	867.69
			小计	107575.59	4290.68
三	上级湖—东平湖段	13	东平湖蓄水影响处理	46232.72	2221.94
		14	梁济运河灌区影响处理工程	11119.86	414.55
		15	梁济运河	64031.17	1280.62
		16	柳长河	51434.93	1028.70
		17	长沟一站	30202.84	785.27
		18	邓楼一站	30352.83	789.17
		19	八里湾一站	30294.70	787.66
			小计	263669.05	7307.91
四	穿黄工程	20	穿黄工程	67795.05	2315.20
五	鲁北段	21	大屯水库	86595.80	3274.19
		22	鲁北段灌区影响处理工程	10110.63	386.73
		23	小运河	193583.00	3871.66
		24	七一河、六五河	44251.37	885.03
			小计	334540.80	8417.61
六	胶东段	25	济平干渠	148841.00	2976.82
		26	胶东济南到引黄济青段输水河道	538369.80	10767.40
		27	东湖水库	85616.75	3312.51
		28	双王城水库	76701.83	2624.74
			小计	849529.38	19681.47

段号	分　段	序号	工　程　项　目	固定资产额	固定资产折旧费
七	截污导流工程	29	截污导流工程	90412.33	4520.62
八	工程管理信息系统	30	工程管理信息系统	32130.70	1606.54
九	其他工程	31	沿线文物保护	7835.88	391.79
		32	其他专项	3522.02	176.10
			小计	11357.90	567.89
	合计			1846346.08	51082.99

3. 工程维护费

泵站的一般维修费率为1%，大修理费率取1.5%，合计固定资产维修费率取2.5%，供电、通信设施和水情水质检测系统也按此标准计算；新建河道按固定资产投资的1.0%计算。本次计算其他工程维护费时，参照泵站、供电、通信设施和水情水质检测系统的维护费率，采用2.5%进行计算。南水北调东线一期工程山东省境内干线工程只有韩庄运河为原有工程，其余工程为新建工程，根据《关于印送南水北调东线一期工程水量和水价问题协调会纪要的通知》（办规计〔2006〕175号），对于原有河道，韩庄运河经过分摊后每年的工程维护费为57.46万元。山东省境内干线工程维护费计算结果见表9.13。

表 9.13　　　　　　山东省境内干线工程维护费计算结果　　　　单位：万元

段号	分　段	序号	工　程　项　目	工程类别	静态投资	施工场地及移民补偿	固定资产额	工程维护费
一	苏鲁交界—下级湖段	1	台儿庄一站	泵站	23732	2591	21141	528.53
		2	万年闸一站	泵站	24093	2929	21164	529.10
		3	韩庄一站	泵站	27129	1896	25233	630.83
		4	韩庄运河水资源控制工程	水资源控制	1876	92	1784	44.60
			小计		76830	7508	69322	1733.06
二	下级湖—上级湖段	5	南四湖下级湖抬高蓄水位影响处理工程	影响处理	36755	36742	13	0.33
		6	南四湖疏浚	河道	8232	2550	5682	56.82
		7	南四湖水资源监测工程	水资源检测	3607	0	3607	90.18
		8	大沙河闸	水资源控制	15222	1237	13985	349.63
		9	姚楼河闸					
		10	杨官屯河闸					
		11	潘庄引河闸					
		12	二级坝泵站	泵站	28701	1314	27387	684.68
			小计		92517	41843	50674	1181.64

续表

段号	分段	序号	工程项目	工程类别	静态投资	施工场地及移民补偿	固定资产额	工程维护费
三	上级湖—东平湖段	13	梁济运河	河道	55068	26762	28306	283.06
		14	柳长河	河道	44235	16635	27600	276.00
		15	长沟一站	泵站	25975	1639	24336	608.40
		16	邓楼一站	泵站	26104	1587	24517	612.93
		17	八里湾一站	泵站	26054	1134	24920	623.00
		18	东平湖蓄水影响处理工程	影响处理	39761	34490	5271	131.78
	小计				217197	82247	134950	2535.17
四	穿黄工程	19	穿黄工程	其他	58305	12353	45952	1148.80
五	鲁北段	20	小运河	河道	166485	81477	85008	850.08
		21	七一河、六五河	河道	38057	21011	17046	170.46
		22	大屯水库	调蓄工程	74474	30275	44199	1104.98
	小计				279016	132763	146253	2125.52
六	胶东段	23	济平干渠	河道	1280006	41991	86015	860.15
		24	胶东济南到引黄济青段输水河道	河道	463008	174977	288031	2880.31
		25	东湖水库	调蓄工程	73632	32092	41540	1038.50
		26	双王城水库	调蓄工程	65965	14898	51067	1276.68
	小计				1882611	263958	466653	6055.64
七	工程管理信息系统	27	工程管理信息系统	其他	27633	0	27633	690.83
八	沿线文物保护	28	沿线文物保护	其他	6739	6739	0	0.00
	合计				2640848	547411	941437	15470.66

由表 9.13 可见，南水北调东线一期工程山东省境内干线工程新建工程维护费合计为 15470.66 万元。

4. 贷款年利息净支出

贷款年利息净支出计算方法参见 4.2 节。山东省境内干线工程固定资产投资为 1674072 万元，贷款数额为 753332.40 万元，建设期末贷款本利和为 1025813.66 万元，由式（4.2）可求得南水北调一期工程山东省境内贷款年利息净支出为

$$A = \frac{(1.0612)^{16} \times 0.0612}{(1.0612)^{16} - 1} \cdot I_c - \frac{I_c}{16} = 38231.25 （万元）$$

5. 管理人员工资及福利费

南水北调东线一期工程山东省境内干线工程编制 853 人，省界工程编制 272 人，全部编入山东省境内干线工程，山东省境内干线工程全部为新增人员，所以山东省境内干线工程管理人员工资为 1125 万元，福利费、劳动保护统筹和住房基金共计 461.25 万元，合计总额为 1586.25 万元。

6. 工程管理费

工程管理费按照管理人员工资及福利费的 1.5 倍计算，南水北调一期工程山东省境内

干线工程管理费为 2379.38 万元。

7. 抽水电费

计算过程与计算方法参见 4.2 节,山东省境内干线工程抽水电费计算结果见表 9.14。

表 9.14　　　　　　　　山东省境内干线工程抽水电费计算结果表

序号	泵站名称	各站抽水量/亿 m³	抽水平均扬程/m	电费/万元
1	台儿庄一站	15.01	3.23	1099.74
2	万年闸一站	14.31	5.49	1781.67
3	韩庄一站	13.49	3.65	1116.89
4	二级坝泵站	17.56	1.99	792.66
5	长沟一站	13.87	3.64	1145.21
6	邓楼一站	13.57	3.57	1098.89
7	八里湾一站	13.37	4.15	1258.60
合计				8293.66

8. 其他费用

其他费用是指上述费用以外的现阶段无法预计的费用。根据南水北调东线工程的具体情况,按除固定资产折旧费、贷款年利息净支出费和抽水电费之外各项费用之和的 5% 计算。即工程维护费、管理人员工资及福利费和工程管理费之和的 5%,计算结果为 971.81 万元。

以上计算结果为南水北调东线一期工程山东省境内干线工程新建工程的供水成本费用,供水分摊系数为 0.970,其中山东省境内干线工程只有韩庄运河为原有河道工程,只考虑维护费用,为 57.46 万元。

综上所述,南水北调东线一期工程山东省境内干线工程供水成本费用汇总结果见表 9.15。

表 9.15　　南水北调东线一期工程山东省境内干线工程供水成本费用汇总结果　　单位:万元

类　　别		新建工程	原有工程	合计
固定资产折旧费/贷款		49550.50	0.00	49550.50
年运行费用	工程维护费	15006.54	57.46	15064.00
	管理人员工资及福利费	1538.66	0.00	1538.66
	工程管理费	2308.00	0.00	2308.00
	贷款年利息净支出	37084.31	0.00	37084.31
	抽水电费	8044.85	0.00	8044.85
	其他费用	942.66	2.87	945.53
	小计	64925.02	60.33	64985.35
山东省境内干线工程供水总成本		114475.52	60.33	114535.85

根据计算式(5.1)和上述所求的山东省境内干线工程供水总成本可求得南水北调东线一期工程山东省境内干线工程单方水供水成本为

$$UC = \frac{\sum_{j=1}^{n} C_j + \sum_{j=1}^{n} U_j}{W} = \frac{49550.50 + 64985.35}{16.69 \times 10000} = 0.686(元/m^3)$$

第 10 章 南水北调东线一期工程供水成本细化计算及结果修正

10.1 南水北调东线一期工程供水成本细化计算

10.1.1 基于干线的工程供水成本细化计算

1. 方法一——干线统一核算

总干线、干线上游段、干线下游段（即山东省境内干线工程，以下同）供水成本费用见表 10.1。

表 10.1　　　　　　南水北调东线一期工程供水成本费用汇总表　　　　单位：万元

区　段	合　计	固定资产折旧费	年 运 行 费		
		折旧费	抽水电费	除电费以外的运行费	小计
总干线	189965.39	71691.14	30364.82	87909.43	118274.25
干线上游段	75429.54	22140.64	22319.97	30968.93	53288.90
干线下游段	114535.85	49550.50	8044.85	56940.50	64985.35

对于南水北调东线一期工程总干线，固定资产折旧费为 $C_j = 71691.14$ 万元，年运行费为 $U_j = 118274.25$ 万元；南水北调东线一期工程干线净增供水量为 36.01 亿 m^3，故单方水供水成本采用式（5.1）计算，计算结果为

$$UC = \frac{\sum_{j=1}^{n} C_j + \sum_{j=1}^{n} U_j}{W} = \frac{71691.14 + 118274.25}{36.01 \times 10^4} = 0.528(元 / m^3)$$

2. 方法二——考虑泵站耗能影响

南水北调东线一期干线工程固定资产年折旧费及年运行费见表 10.1。

固定资产折旧费为 $C_j = 71691.14$ 万元；U_j^2 表示南水北调一期工程总干线除泵站耗电费之外的年运行费，$U_j^2 = 87909.43$ 万元；U_j^3 表示南水北调东线一期工程总干线的泵站耗电费，$U_j^3 = 30364.82$ 万元。应用式（5.2）和式（5.3），则有

$$UC_2 = \frac{\sum_{j=1}^{n} C_j + \sum_{j=1}^{n} U_j^2}{W} = \frac{71691.14 + 87909.43}{36.01 \times 10^4} = 0.443(元 / m^3)$$

$$UC_3 = 2 \cdot \frac{\sum_{j=1}^{n} U_j^3}{W} + UC_2 = 2 \times \frac{30364.82}{36.01 \times 10^4} + 0.443 = 0.612(元 / m^3)$$

式中：UC_2 为干线工程在考虑耗能影响因素下的始端单方水供水成本，元/m³；UC_3 为干线工程在考虑耗能影响因素下的末端单方水供水成本，元/m³，沿程的供水成本介于 UC_2 和 UC_3 之间。当全线有部分为自流时，末端单方水供水成本需要重新计算。

南水北调东线一期工程最后一级泵站为八里湾泵站，八里湾泵站输水进入东平湖之后均为自流，一路向北经小运河进入临清经七一河、六五河到德州大屯水库，一路经济平干渠穿过济南向东与引黄济青渠道相连，东平湖之后输水不再耗费电能。

参见表 10.2，三江营取水口到东平湖段折算距离为 653.61km，东平湖—临清—大屯水库段干线为单线输水，距离为 181.36km；东平湖渠首闸—引黄济青闸也为单线输水，距离为 239.89km。故干线起点为三江营，终点为引黄济青闸，经折算后距离为 893.50km。

表 10.2　　　　　　　　　南水北调东线一期工程干线折算距离计算表　　　　　　　单位：km

段号	分　段	河（湖、渠）名称	起讫地点	长度	折算长度
1	三江营—江都站	夹江、芒稻江	三江营—江都站西闸上	22.40	22.40
2	江都—宝应站（线路一）	新通扬运河	江都站西闸上—东闸上	1.46	78.95
			江都东闸上—宜陵	11.30	
		三阳河	宜陵—杜巷	66.50	
		潼河	杜巷—宝应站	15.50	
	江都站—宝应站（线路二）	里运河	江都站—南运西闸	75.00	
3	宝应—洪泽湖（线路一）	里运河	南运西闸—北运西闸	33.15	106.12
			北运西闸—淮安闸	18.70	
		淮安四站输水河道（新河）	运西河	7.47	
			白马湖穿湖段	2.30	
			新河段	20.03	
		苏北灌溉总渠	淮安闸—淮阴一闸	28.47	
		京杭运河	淮安闸—淮阴二闸	26.94	
	宝应站—洪泽湖（线路二）	金宝航道	南运西闸—金湖站	30.88	
		入江水道	金湖站—洪泽湖站	39.96	
4	洪泽湖—骆马湖（线路一）	二河	二河闸—淮阴站	30.00	137.91
		骆马湖以南中运河	淮阴闸—泗阳站	32.80	
			泗阳站—刘老涧站	32.40	
			刘老涧站—皂河站	48.40	
	洪泽湖—骆马湖（线路二）	徐洪河	顾勒河口—泗洪站	16.00	
			泗洪站—睢宁站	57.00	
			睢宁站—邳州站	47.00	
		房亭河	邳州东站—中运河	6.00	
5	骆马湖—大王庙	中运河	皂河站—大王庙	46.20	46.20

续表

段号	分 段	河（湖、渠）名称	起讫地点	长度	折算长度
6	大王庙—下级湖（线路一）	不牢河	大王庙—刘山站	5.30	67.47
			刘山站—解台站	39.90	
			解台站—蔺家坝船闸	26.02	
		顺提河	蔺家坝船闸—蔺家坝泵站	8.50	
	大王庙—下级湖（线路二）	中运河韩庄运河	大王庙—骆马湖水资源控制	7.80	
		韩庄运河	骆马湖水资源控制—台儿庄	11.20	
			台儿庄—万年闸站	16.74	
			万年闸站—韩庄站	16.33	
			韩庄站—老运河口	3.14	
7		韩庄泵站入下级湖处①—东平湖		194.57	194.57
	小计：三江营—东平湖			1045.36	653.61
8	东平湖以北	穿黄工程	东平湖—位山	7.87	181.36
		小运河	位山—邱屯闸上	96.92	
		七一河、六五河	邱屯闸上—大屯水库	76.57	
9	胶东	济平干渠	东平湖渠首闸—睦里庄跌水	89.89	239.89
		济南到引黄济青段	睦里庄跌水—出小清河涵闸	4.58	
			出小清河涵闸—入分洪道涵闸	110.80	
			入分洪道涵闸—引黄济青闸	34.61	

① 韩庄泵站入下级湖处以下简称为韩庄入湖处。

由于南水北调东线一期工程最后一级泵站为八里湾站，应用式（5.3）′，可求得东平湖处单方水供水成本为

$$UC_3' = \frac{(X_1 + X_2)(UC_3 - UC_2)}{(X_1 + 2X_2)} + UC_2$$

$$= \frac{(653.61 + 239.89) \times (0.612 - 0.443)}{(653.61 + 2 \times 239.89)} + 0.443 = 0.576（元/m^3）$$

供水成本在三江营取水口到东平湖之间沿直线变化，始端单方水供水成本为 0.443 元/m³，东平湖及之后单方水供水成本为定值 0.576 元/m³。

3. 方法三——考虑资金构成影响

参见 5.3 节，考虑到南水北调东线一期工程中 55% 的投资由中央投资及南水北调基金构成，45% 的投资需要贷款，则国家投资部分的供水工程成本费用均匀分摊，贷款部分的供水成本费用可全部或部分由上游向下游分摊，沿线单方水供水成本根据式（5.4）和式（5.5）或式（5.4）′和式（5.5）′计算。

$$UC_4 = \alpha_1 \cdot \frac{\sum_{j=1}^{n} C_j + \sum_{j=1}^{n} U_j}{W} = 0.55 \times \frac{71691.14 + 118274.25}{36.01 \times 10^4} = 0.290（元/m^3）$$

$$UC_5 = 2(1-\alpha_1) \cdot \frac{\sum_{j=1}^{n} C_j + \sum_{j=1}^{n} U_j}{W} + UC_4$$

$$= 2 \times 0.45 \times \frac{71691.14 + 118274.25}{36.01 \times 10^4} + 0.290 = 0.765(元/m^3)$$

$$UC_4' = \frac{\alpha_1 \sum_{j=1}^{n} C_j + \sum_{j=1}^{n} U_j}{W} = \frac{0.55 \times 71691.14 + 118274.25}{36.01 \times 10^4} = 0.438(元/m^3)$$

$$UC_5' = \frac{2(1-\alpha_1) \sum_{j=1}^{n} C_j}{W} + UC_4' = \frac{2 \times (1-0.55) \times 71691.14}{36.01 \times 10^4} + 0.438 = 0.617(元/m^3)$$

式中：UC_4 或 UC_4' 为干线工程在考虑资金构成影响因素下始端的单方水供水成本，UC_5 或 UC_5' 为干线工程在考虑资金构成影响因素下末端单方水供水成本，元/m³。沿程的供水成本应介于 UC_4 和 UC_5 之间或 UC_4' 和 UC_5' 之间。

4. 方法四——考虑运行成本影响

考虑到上游不仅为本区段供水提供服务，而且为下游段的供水提供服务，工程运行费可全部或部分由上游向下游分摊，沿线单方水供水成本可采用式（5.6）和式（5.7）或式（5.6）′和式（5.7）′计算。

南水北调东线一期工程干线总固定资产年折旧费及年运行费见表10.1，由表可得固定资产折旧费为 $C_j = 71691.14$ 万元，年运行费为 $U_j = 118274.25$ 万元。

应用式（5.6）和式（5.7）或式（5.6）′和式（5.7）′，则有

$$UC_6 = \frac{\sum_{j=1}^{n} C_j}{W} = \frac{71691.14}{36.01 \times 10^4} = 0.199(元/m^3)$$

$$UC_7 = 2 \cdot \frac{\sum_{j=1}^{n} U_j}{W} + UC_6 = 2 \times \frac{118274.25}{36.01 \times 10^4} + 0.199 = 0.856(元/m^3)$$

$$UC_6' = \frac{\alpha_1 \sum_{j=1}^{n} U_j + \sum_{j=1}^{n} C_j}{W} = \frac{0.55 \times 118274.25 + 71691.14}{36.01 \times 10^4} = 0.380(元/m^3)$$

$$UC_7' = \frac{2(1-\alpha_1) \sum_{j=1}^{n} U_j}{W} + UC_6' = \frac{2(1-0.55) \times 118274.25}{36.01 \times 10^4} + 0.380 = 0.675(元/m^3)$$

式中：UC_6 或 UC_6' 为干线工程在考虑运行费用影响因素下始端的单方水供水成本，UC_7 或 UC_7' 为干线工程在考虑运行费用影响因素下末端单方水供水成本，元/m³。沿程的供水成本应介于 UC_6 和 UC_7 之间或 UC_6' 和 UC_7' 之间。

5. 方法五——考虑资金构成与运行成本

考虑资金构成与运行成本，供水成本费用中只有国家投资部分形成的固定资产折旧费

均匀分摊（南水北调东线一期工程中国家投资部分占 55%），其余供水成本费用由上游向下游分摊，应用式（5.8）和式（5.9），则有

$$UC_8 = \alpha_1 \cdot \frac{\sum\limits_{j=1}^{n} C_j}{W} = 0.55 \times \frac{71691.14}{36.01 \times 10^4} = 0.109 (\text{元}/\text{m}^3)$$

$$UC_9 = 2 \cdot \frac{(1-\alpha_1) \times \sum\limits_{j=1}^{n} C_j + \sum\limits_{j=1}^{n} U_j}{W} + UC_7$$

$$= 2 \cdot \frac{(1-0.55) \times 71691.14 + 118274.25}{36.01 \times 10^4} + 0.109 = 0.946 (\text{元}/\text{m}^3)$$

式中：UC_8 为干线工程在考虑资金构成与运行成本情况下始端单方水供水成本，元/m³；UC_9 为干线工程在考虑资金构成与运行成本情况下末端单方水供水成本，元/m³；沿程的供水成本介于 UC_8 和 UC_9 之间。

10.1.2 干线上游段的工程供水成本细化计算

1. 方法一——干线统一核算

若干线上游段看作整体进行单方水供水成本分析计算，即上游段统一核算（上游段固定资产折旧费及年运行费参见表 10.1），$C_{j1} = 22140.64$ 万元，$U_{j1} = 53288.90$ 万元，应用式（5.10），则有

$$UC_{1u} = \frac{\sum\limits_{j1=1}^{n1} C_{j1} + \sum\limits_{j1=1}^{n1} U_{j1}}{W_1} = \frac{22140.64 + 53288.90}{36.01 \times 10^4} = 0.209 (\text{元}/\text{m}^3)$$

南水北调东线一期工程总干线净增水量为 36.01 亿 m³，干线上游段净增水量为 19.32 亿 m³，干线下游段净增水量为 16.69 亿 m³。干线上游段净增水量是本段需要的水量，而干线上游段实际通过的净增水量为 36.01 亿 m³，所以，这里干线上游段的水量与干线水量相同，均为 36.01 亿 m³。

2. 方法二——考虑泵站耗能影响

南水北调东线一期干线工程上游段固定资产年折旧费及年运行费见表 10.1。

与方法一类似，将南水北调东线一期工程干线上游段整体看成一段，用 U_{j1}^2 表示南水北调东线一期工程干线上游段除泵站耗电费之外的年运行费，$U_{j1}^2 = 30968.93$ 万元；用 U_{j1}^3 表示南水北调东线一期工程干线上游段的泵站耗电费用，$U_{j1}^3 = 22319.97$ 万元。

应用式（5.2）和式（5.3），则有

$$UC_{2u} = \frac{\sum\limits_{j1=1}^{n1} C_{j1} + \sum\limits_{j1=1}^{n1} U_{j1}^2}{W_1} = \frac{22140.64 + 30968.93}{36.01 \times 10^4} = 0.147 (\text{元}/\text{m}^3)$$

$$UC_{3u} = 2 \cdot \frac{\sum\limits_{j1=1}^{n1} U_{j1}^3}{W_1} + UC_2 = 2 \times \frac{22319.97}{36.01 \times 10^4} + 0.147 = 0.270 (\text{元}/\text{m}^3)$$

式中：UC_{2u} 为干线工程在考虑耗能影响因素下始端单方水供水成本，元/m³；UC_{3u} 为干线工程在考虑耗能影响因素下末端单方水供水成本，元/m³；沿程的供水成本介于 UC_{2u} 和 UC_{3u} 之间。

3. 方法三——考虑资金构成影响

南水北调东线一期干线工程上游段固定资产年折旧费及年运行费见表 10.1。

计算方法同 10.1.1 节中方法三，应用式（5.4）、式（5.5）或式（5.4）′和式（5.5）′，则有

$$UC_{4u} = \alpha_1 \cdot \frac{\sum\limits_{j1=1}^{n1} C_{j1} + \sum\limits_{j1=1}^{n1} U_{j1}}{W_1} = 0.55 \times \frac{22140.64 + 53288.90}{36.01 \times 10^4} = 0.115 \, (\text{元/m}^3)$$

$$UC_{5u} = 2(1 - \alpha_1) \cdot \frac{\sum\limits_{j1=1}^{n1} C_{j1} + \sum\limits_{j1=1}^{n1} U_{j1}}{W_1} + UC_{4u}$$

$$= 2 \times 0.45 \times \frac{22140.64 + 53288.90}{36.01 \times 10^4} + 0.115 = 0.304 \, (\text{元/m}^3)$$

$$UC'_{4u} = \frac{\alpha_1 \cdot \sum\limits_{j1=1}^{n1} C_{j1} + \sum\limits_{j1=1}^{n1} U_{j1}}{W_1} = \frac{0.55 \times 22140.64 + 53288.90}{36.01 \times 10^4} = 0.182 \, (\text{元/m}^3)$$

$$UC'_{5u} = \frac{2(1 - \alpha_1) \cdot \sum\limits_{j1=1}^{n1} C_{j1}}{W_1} + UC'_{4u} = \frac{2 \times 0.45 \times 22140.64}{36.01 \times 10^4} + 0.182 = 0.237 \, (\text{元/m}^3)$$

式中：UC_{4u} 或 UC'_{4u} 为干线工程上游段在考虑资金构成影响因素下始端单方水供水成本，元/m³；UC_{5u} 或 UC'_{5u} 为干线工程上游段在考虑资金构成影响因素下末端单方水供水成本，元/m³；沿程的供水成本介于 UC_{4u} 和 UC_5 之间或 UC'_{4u} 和 UC'_{5u} 之间。

4. 方法四——考虑运行成本影响

南水北调东线一期干线工程上游段固定资产年折旧费及年运行费见表 10.1。

参见 10.1.1 节中的方法四，应用式（5.6）和式（5.7）或式（5.6）′和式（5.7）′，则有

$$UC_{6u} = \frac{\sum\limits_{j1=1}^{n1} C_{j1}}{W_1} = \frac{22140.64}{36.01 \times 10^4} = 0.061 \, (\text{元/m}^3)$$

$$UC_{7u} = 2 \cdot \frac{\sum\limits_{j1=1}^{n1} U_{j1}}{W_1} + UC_{6u} = 2 \times \frac{53288.90}{36.01 \times 10^4} + 0.061 = 0.357 \, (\text{元/m}^3)$$

$$UC'_{6u} = \frac{\sum\limits_{j1=1}^{n1} C_{j1} + \alpha_1 \sum\limits_{j1=1}^{n1} U_{j1}}{W_1} = \frac{22140.64 + 0.55 \times 53288.90}{36.01 \times 10^4} = 0.143 \, (\text{元/m}^3)$$

$$UC'_{7u} = \frac{2(1-\alpha_1)\sum_{j1=1}^{n1}U_{j1}}{W_1} + UC'_{6u} = \frac{2\times(1-0.55)\times53288.90}{36.01\times10^4} + 0.143 = 0.276(\text{元}/\text{m}^3)$$

式中：UC_{6u} 或 UC'_{6u} 为干线工程上游段在考虑运行费用影响因素下始端单方水供水成本，元/m³；UC_{7u} 或 UC'_{7u} 为干线工程上游段在考虑运行费用影响因素下末端单方水供水成本，元/m³；沿程的供水成本介于 UC_{6u} 和 UC_{7u} 之间或 UC'_{6u} 和 UC'_{7u} 之间。

5. **方法五——考虑资金构成与运行成本**

南水北调东线一期干线工程上游段固定资产年折旧费及年运行费见表 10.1。

参见 10.1.1 节中方法五，应用式（5.8）和式（5.9），则有

$$UC_{8u} = \alpha_1 \cdot \frac{\sum_{j1=1}^{n1}C_{j1}}{W_1} = 0.55\times\frac{22140.64}{36.01\times10^4} = 0.034(\text{元}/\text{m}^3)$$

$$
\begin{aligned}
UC_{9u} &= 2\cdot\frac{(1-\alpha_1)\cdot\sum_{j1=1}^{n1}C_{j1} + \sum_{j1=1}^{n1}U_{j1}}{W_1} + UC_{8u} \\
&= 2\times\frac{(1-0.55)\times22140.64 + 53288.90}{36.01\times10^4} + 0.034 = 0.385(\text{元}/\text{m}^3)
\end{aligned}
$$

式中：UC_{8u} 为干线工程上游段在考虑资金构成与运行成本情况下始端单方水供水成本，元/m³；UC_{9u} 为干线工程上游段在考虑资金构成与运行成本情况下末端单方水供水成本，元/m³；沿程的供水成本介于 UC_{8u} 和 UC_{9u} 之间。

10.1.3 干线下游段的工程供水成本细化计算

计算方法与计算过程参见 10.1.1 节，计算结果如下。

1. **方法一——全省统一核算**

$$UC_{1s} = \frac{\sum_{js=1}^{ns}C_{js} + \sum_{js=1}^{ns}U_{js}}{W_2} = \frac{49550.50 + 64985.35}{16.69\times10^4} = 0.686(\text{元}/\text{m}^3)$$

2. **方法二——考虑泵站耗能影响**

将南水北调东线一期工程山东省境内干线工程看成整体，用 U_{js}^2 表示南水北调一期工程山东省境内干线工程除泵站耗电费之外的年运行费，$U_{js}^2 = 56940.50$ 万元；用 U_{js}^3 表示南水北调东线一期工程山东省境内干线工程的泵站耗电费用，$U_{js}^3 = 8044.85$ 万元。

应用式（5.2）和式（5.3），则有

$$UC_{2s} = \frac{\sum_{js=1}^{ns}C_{js} + \sum_{js=1}^{ns}U_{js}^2}{W_2} = \frac{49550.50 + 56940.50}{16.69\times10^4} = 0.638(\text{元}/\text{m}^3)$$

$$UC_{3s} = 2\cdot\frac{\sum_{js=1}^{ns}U_{js}^3}{W_2} + UC_2 = 2\times\frac{8044.85}{16.69\times10^4} + 0.638 = 0.734(\text{元}/\text{m}^3)$$

参见表 10.2，苏鲁省界—东平湖的距离用 X_1 表示，$X_1 = 194.57\text{km}$；东平湖—临清—大屯水库（穿黄段 7.87km＋小运河段 96.62km＋七一河、六五河段 76.57km）的距离为 181.36km；东平湖—济平干渠—引黄济青渠道的距离为 239.89km。取支线长度较长的距离用 X_2 表示，$X_2 = 239.89\text{km}$。

根据式（5.3）′，计算可得东平湖处单方水供水成本为

$$UC'_{3s} = \frac{(X_1 + X_2)(UC_{3s} - UC_{2s})}{(X_1 + 2X_2)} + UC_{2s}$$

$$= \frac{(194.57 + 239.89)(0.734 - 0.638)}{(194.57 + 2 \times 239.89)} + 0.638 = 0.700(\text{元/m}^3)$$

东平湖之后的价格与东平湖处相同，均为 0.700 元/m³。

3. 方法三——考虑资金构成影响

$$UC_{4s} = \alpha_1 \cdot \frac{\sum\limits_{js=1}^{ns} C_{js} + \sum\limits_{js=1}^{ns} U_{js}}{W_2} = 0.55 \times \frac{49550.50 + 64985.35}{16.69 \times 10^4} = 0.377(\text{元/m}^3)$$

$$UC_{5s} = 2(1 - \alpha_1) \cdot \frac{\sum\limits_{js=1}^{ns} C_{js} + \sum\limits_{js=1}^{ns} U_{js}}{W_2} + UC_{4s}$$

$$= 2 \times (1 - 0.55) \times \frac{49550.50 + 64985.35}{16.69 \times 10^4} + 0.377 = 0.995(\text{元/m}^3)$$

$$UC'_{4s} = \frac{\alpha_1 \sum\limits_{js=1}^{ns} C_{js} + \sum\limits_{js=1}^{ns} U_{js}}{W_2} = \frac{0.55 \times 49550.50 + 64985.35}{16.69 \times 10^4} = 0.553(\text{元/m}^3)$$

$$UC'_{5s} = \frac{2(1 - \alpha_1) \sum\limits_{js=1}^{ns} C_{js}}{W_2} + UC'_{4s} = \frac{2(1 - 0.55) \times 49550.50}{16.69 \times 10^4} + 0.553 = 0.820(\text{元/m}^3)$$

4. 方法四——考虑运行成本影响

$$UC_{6s} = \frac{\sum\limits_{js=1}^{ns} C_{js}}{W_2} = \frac{49550.50}{16.69 \times 10^4} = 0.297(\text{元/m}^3)$$

$$UC_{7s} = 2 \times \frac{\sum\limits_{js=1}^{ns} U_{js}}{W_2} + UC_{6s} = 2 \times \frac{64985.35}{16.69 \times 10^4} + 0.297 = 1.076(\text{元/m}^3)$$

$$UC'_{6s} = \frac{\sum\limits_{js=1}^{ns} C_{js} + \alpha_1 \sum\limits_{js=1}^{ns} U_{js}}{W_2} = \frac{49550.50 + 0.55 \times 64985.35}{16.69 \times 10^4} = 0.511(\text{元/m}^3)$$

$$UC'_{7s} = \frac{2(1 - \alpha_1) \sum\limits_{js=1}^{ns} U_{js}}{W_2} + UC'_{6s} = \frac{2(1 - 0.55) \times 64985.35}{16.69 \times 10^4} + 0.511 = 0.861(\text{元/m}^3)$$

5. **方法五——考虑资金构成与运行成本**

$$UC_{8s} = \alpha_1 \cdot \frac{\sum\limits_{js=1}^{ns} C_{js}}{W_2} = 0.55 \times \frac{49550.50}{16.69 \times 10^4} = 0.163(元/m^3)$$

$$UC_{9s} = 2 \times \frac{(1-\alpha_1) \cdot \sum\limits_{js=1}^{ns} C_{js} + \sum\limits_{js=1}^{ns} U_{js}}{W_2} + UC_{8s}$$

$$= 2 \times \frac{(1-0.55) \times 49550.50 + 64985.35}{16.69 \times 10^4} + 0.163 = 1.209(元/m^3)$$

10.1.4 计算结果汇总

参见 10.1.1～10.1.3 节，南水北调东线一期工程单方水供水成本计算结果汇总见表 10.3。

表 10.3 　　　　　南水北调东线一期工程供水成本计算结果汇总表 　　　　　单位：元/m³

区段	方法一	方法二		方法三		方法四		方法五	
	全线相同	始端	末端	始端	末端	始端	末端	始端	末端
总干线	0.528	0.443	0.576	0.290 0.438	0.765 0.617	0.199 0.380	0.856 0.675	0.109	0.946
干线上游段	0.209	0.147	0.271	0.115 0.182	0.304 0.237	0.061 0.143	0.357 0.276	0.034	0.385
干线下游段	0.686	0.638	0.700	0.377 0.553	0.995 0.820	0.297 0.511	1.076 0.861	0.163	1.209

注　表中方法三、方法四有两行数据，上面一行数字对应情况一的计算结果，下面一行数字对应情况二的计算结果。

由表 10.3 可见，不论哪一种方法，其计算结果均是干线上游段的值最小、干线下游段的值最大、总干线的值介于两者中间，其原因一方面是上游向下游分摊了部分费用，另一方面是下游段建设成本高、调水量相对较小。

10.2 南水北调东线一期工程供水成本细化结果修正

10.2.1 基于干线的工程供水成本细化结果修正

1. **方法二结果修正**

参见 10.1.1 节中的方法二，南水北调东线一期工程干线在考虑耗能情况下的单方水供水成本始端为 $UC_2 = 0.443$ 元/m³，末端为 $UC_3 = 0.612$ 元/m³，考虑到干线最后一级泵站八里湾站输水进入东平湖之后为自流，东平湖之后单方水供水成本为 $UC_3' = 0.576$ 元/m³。

参见表 10.1，南水北调东线一期工程干线供水总成本费用为 189965.39 万元。考虑耗能情况下的干线沿程单方水供水成本修正计算过程见表 10.4。

表 10.4　　　　　考虑耗能情况下干线沿程单方水供水成本修正计算过程表

分段	区　　间	净增供水量/亿 m³	折算距离/km	修正前单方水供水成本/(元/m³)	区段供水成本费用/万元	修正后单方水供水成本/(元/m³)
(1)	(2)	(3)	(4)	(5)	(6)	(7)
上游段	三江营			0.443		0.443
	三江营—江都	0	22.4	0.448	0.00	0.447
	江都—宝应	0.74	101.35	0.464	3371.37	0.462
	宝应—洪泽湖	2.1	207.47	0.485	9962.81	0.482
	洪泽湖—骆马湖	10.19	345.38	0.513	50873.33	0.508
	骆马湖—大王庙	1.82	391.58	0.523	9427.22	0.517
	大王庙—韩庄入湖处	4.47	459.05	0.536	23670.62	0.530
下游段	韩庄入湖处—东平湖	5.44	653.62	0.576	30257.51	0.566
	黄河以北（穿黄、小运河及七一河、六五河）	3.79	758.41	0.576	21830.40	0.566
	胶东（引黄济青闸）	7.46	893.50	0.576	42969.60	0.566
合计		36.01			192362.86	

在表 10.4 中，根据第（4）列的折算距离和始、末端单方水供水成本进行线性内插可得到干线沿程不同点单方水供水成本，见第（5）列。各区段净增供水量与该区段供水成本均值的乘积为该区段的供水成本费用，见第（6）列。由第（6）列可见，计算得到的总供水成本费用为 192362.86 万元，而南水北调东线一期工程干线实际总成本费用为 189965.39 万元，两者不一致，故需进行修正。

修正方法见 5.2 节，由表 10.4 可求得修正系数 $\alpha = 0.9270$，利用修正系数 α 及第（5）列，可求得修正后的单方水供水成本，见第（7）列。

考虑耗能情况下修正前、后干线沿程单方水供水成本，如图 10.1 所示。

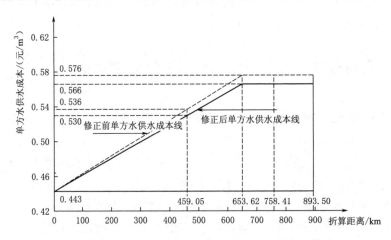

图 10.1　考虑耗能情况下干线单方水供水成本图

由第（4）列和第（7）列可求得干线考虑耗能情况下沿程单方水供水成本计算公式，见式（10.1）。

$$Y_1 = \begin{cases} 0.443 + 1.8863 \times 10^{-4} X, & 0 \leqslant X \leqslant 653.62 \\ 0.566 &, \quad 653.62 < X \leqslant 893.50 \end{cases} \quad (10.1)$$

式中：Y_1 为考虑耗能情况下修正后的干线沿程单方水供水成本，元/m^3；X 为干线供水口门距水源（三江营）的折算距离，km。

2. 方法三结果修正

计算方法及过程同方法二，以下同。

方法三计算结果的修正分为两种情况，其一是贷款部分的供水成本费用全部向下游分摊（情况一），其二是贷款部分的固定资产向下游分摊（情况二）。

参见 10.1.1 节中的方法三，南水北调东线一期工程干线，在考虑资金构成情况一时的始端单方水供水成本为 $UC'_4 = 0.290$ 元/m^3，末端为 $UC'_5 = 0.765$ 元/m^3；在考虑资金构成情况二时的始端单方水供水成本为 $UC'_4 = 0.438$ 元/m^3，末端为 $UC'_5 = 0.617$ 元/m^3。

参见表 10.1，南水北调东线一期工程干线供水总成本费用为 189965.39 万元。南水北调东线一期工程干线在考虑资金构成情况下的全部费用向下游分摊的沿程单方水供水成本修正计算过程，供水成本费用中仅固定资产向下游分摊的沿程单方水供水成本修正计算过程见表 10.5。

表 10.5 干线沿程单方水供水成本修正计算过程表

分段	区 间	净增供水量/亿 m^3	折算距离/km	情 况 一			情 况 二		
				修正前单方水供水成本/(元/m^3)	区段供水成本费用/万元	修正后单方水供水成本/(元/m^3)	修正前单方水供水成本/(元/m^3)	区段供水成本费用/万元	修正后单方水供水成本/(元/m^3)
上游段	三江营	0		0.290		0.290	0.438		0.438
	三江营—江都	0	22.4	0.302	0	0.301	0.442	0	0.442
	江都—宝应	0.74	101.35	0.344	2389.41	0.339	0.458	3332.93	0.457
	宝应—洪泽湖	2.10	207.47	0.400	7813.81	0.391	0.480	9847.60	0.476
	洪泽湖—骆马湖	10.19	345.38	0.474	44525.27	0.458	0.507	50275.14	0.501
	骆马湖—大王庙	1.82	391.58	0.498	8843.16	0.480	0.516	9315.10	0.510
	大王庙—韩庄入湖处	4.47	459.05	0.534	23069.77	0.513	0.530	23387.26	0.522
下游段	韩庄入湖处—东平湖	5.44	653.62	0.637	31865.02	0.607	0.569	29890.22	0.558
	黄河以北（穿黄、小运河七一河、六五河）	3.79	758.41	0.693	25215.84	0.658	0.590	21960.72	0.577
	胶东（引黄济青闸）	7.46	893.50	0.765	54390.09	0.724	0.617	45018.67	0.601
合计		36.01			198112.37				193027.64

同前，由表 10.5 可求得南水北调东线一期工程干线在考虑资金构成情况下情况一的修正系数 $\alpha=0.9130$；南水北调东线一期工程干线在考虑资金构成情况下情况二的修正系数 $\alpha=0.9133$。

考虑资金构成情况下，情况一和情况二的修正前、后干线沿程单方水供水成本分别如图 10.2 和图 10.3 所示。

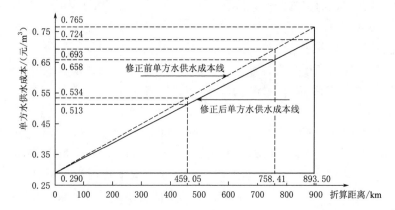

图 10.2　考虑资金构成情况下干线单方水供水成本图（情况一）

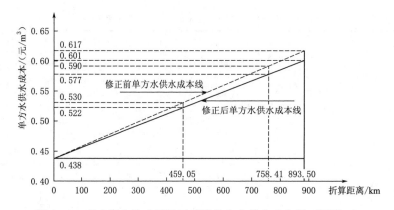

图 10.3　考虑资金构成情况下干线单方水供水成本图（情况二）

考虑资金构成情况一和情况二下修正后的干线沿程单方水供水成本计算公式见式（10.2）和式（10.3）。

$$Y_5=0.290+4.8538\times 10^{-4}X, \qquad 0\leqslant X\leqslant 893.50 \qquad (10.2)$$

$$Y_5'=0.438+1.8296\times 10^{-4}X, \qquad 0\leqslant X\leqslant 893.50 \qquad (10.3)$$

式中：Y_5、Y_5' 为考虑资金构成情况一和情况二下修正后的干线沿程单方水供水成本，元/m^3；X 为干线供水口门距水源（三江营）的折算距离，km。

3. 方法四结果修正

计算方法及过程同方法二，以下同。

在 10.1 节中，方法四的计算结果包括了两种情况，其一是工程运行费全部向下游分摊（情况一），其二是贷款部分的工程运行费向下游分摊（情况二），本节只对情况二计算结果进行修正,情况一暂不考虑。

参见 10.1.1 节中的方法四,南水北调东线第一期工程干线在考虑运行成本情况下始端单方水供水成本为 $UC_6' = 0.380$ 元/m³,末端为 $UC_7' = 0.675$ 元/m³。

参见表 10.1,南水北调东线一期工程干线供水总成本费用为 189965.39 万元。

南水北调东线一期工程干线在考虑运行成本情况下的沿程单方水供水成本修正计算过程见表 10.6。

表 10.6 考虑运行成本情况下干线沿程单方水供水成本修正计算过程表

分段	区 间	净增供水量 /亿 m³	折算距离 /km	修正前单方水供水成本 /(元/m³)	区段供水成本费用 /万元	修正后单方水供水成本 /(元/m³)
上游段	三江营	0	0	0.380		0.380
	三江营—江都	0	22.4	0.387	0.00	0.387
	江都—宝应	0.74	101.35	0.413	2963.17	0.411
	宝应—洪泽湖	2.1	207.47	0.448	9050.58	0.443
	洪泽湖—骆马湖	10.19	345.38	0.494	48021.81	0.484
	骆马湖—大王庙	1.82	391.58	0.509	9130.15	0.498
	大王庙—韩庄入湖处	4.47	459.05	0.532	23262.84	0.518
下游段	韩庄入湖处—东平湖	5.44	653.62	0.596	30664.13	0.577
	黄河以北(穿黄、小运河及七一河、六五河)	3.79	758.41	0.630	23236.37	0.609
	胶东(引黄济青闸)	7.46	893.50	0.675	48691.25	0.649
合计		36.01			195020.30	

同前,由表 10.6 可求得南水北调东线一期工程干线在考虑运行成本情况下的修正系数 $\alpha = 0.9131$,修正前、后干线沿程单方水供水成本如图 10.4 所示。

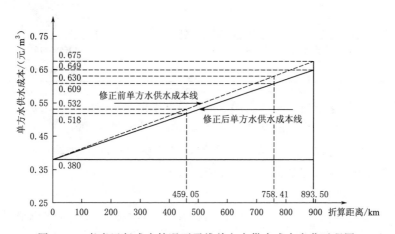

图 10.4 考虑运行成本情况下干线单方水供水成本变化过程图

考虑运行成本情况下修正后的干线沿程单方水供水成本计算公式见式（10.4）。

$$Y_9 = 0.380 + 3.0147 \times 10^{-4} X, \qquad 0 \leqslant X \leqslant 893.50 \qquad (10.4)$$

式中：Y_9 为考虑运行成本情况下修正后的干线沿程单方水供水成本，元/m³；X 为干线供水口门距水源（三江营）的折算距离，km。

10.2.2　干线上游段的工程供水成本细化结果修正

1. 方法二结果修正

参见 10.1.2 节，考虑耗能情况下干线上游段单方水供水成本始端为 $UC_{2u} = 0.147$ 元/m³，末端为 $UC_{3u} = 0.270$ 元/m³。

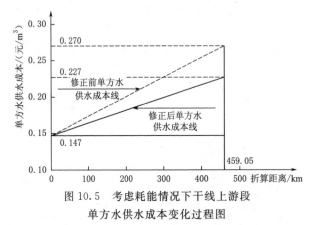

图 10.5　考虑耗能情况下干线上游段
单方水供水成本变化过程图

南水北调东线一期工程干线上游段供水总成本费用为 75429.54 万元。考虑耗能情况下干线上游段单方水供水成本修正计算过程见表 10.8。同前，由表 10.7 可求得干线上游段修正系数 $\alpha = 0.6529$。考虑耗能情况下修正前、后干线上游段沿程单方水供水成本如图 10.5 所示。

表 10.7　　　　　考虑耗能情况下干线上游段单方水供水成本修正计算表

分段	区　间	净增供水量 /亿 m³	折算距离 /km	修正前单方水供水成本 /(元/m³)	区段供水成本费用 /万元	修正后单方水供水成本 /(元/m³)
上游段	三江营	0	0	0.147		0.147
	三江营—江都	0	22.4	0.153	0.00	0.151
	江都—宝应	0.74	101.35	0.174	1210.49	0.165
	宝应—洪泽湖	2.10	207.47	0.203	3955.84	0.183
	洪泽湖—骆马湖	10.19	345.38	0.240	22526.69	0.207
	骆马湖—大王庙	1.82	391.58	0.252	4472.33	0.216
	大王庙—韩庄入湖处	4.47	459.05	0.270	55219.32	0.227
合计		19.32			87384.67	

考虑耗能情况下修正后的干线上游段沿程单方水供水成本计算公式见式（10.5）。

$$Y_2 = 0.147 + 1.7496 \times 10^{-4} X, \qquad 0 \leqslant X \leqslant 459.05 \qquad (10.5)$$

式中：Y_2 为考虑耗能情况修正后的干线上游段沿程单方水供水成本，元/m³；X 为干线上游段供水口门距水源（三江营）的折算距离，km。

2. 方法三结果修正

参见 10.1.2 节，南水北调东线一期工程干线上游段在考虑资金构成情况下，情况一的始端单方水供水成本为 $UC_{4u} = 0.115$ 元/m³，末端为 $UC_{5u} = 0.304$ 元/m³；情况二的始端单方水供水成本为 $UC'_{4u}=0.182$ 元/m³，末端为 $UC'_{5u}=0.237$ 元/m³。

南水北调东线一期工程干线上游段供水总成本费用为 75429.54 万元。干线上游段在考虑资金构成两种情况下沿程单方水供水成本修正计算过程见表 10.8。

表 10.8 **干线上游沿程单方水供水成本修正计算过程表**

分段	区 间	净增供水量 /亿 m³	折算距离 /km	情 况 一		情 况 二	
				修正前单方水供水成本 /(元/m³)	修正后单方水供水成本 /(元/m³)	修正前单方水供水成本 /(元/m³)	修正后单方水供水成本 /(元/m³)
上游段	三江营	0	0	0.115	0.115	0.182	0.182
	三江营—江都	0	22.4	0.124	0.121	0.185	0.184
	江都—宝应	0.74	101.35	0.157	0.142	0.194	0.190
	宝应—洪泽湖	2.10	207.47	0.200	0.170	0.207	0.198
	洪泽湖—骆马湖	10.19	345.38	0.257	0.206	0.223	0.209
	骆马湖—大王庙	1.82	391.58	0.276	0.219	0.229	0.212
	大王庙—韩庄入湖处	4.47	459.05	0.304	0.236	0.237	0.217
合计		19.32					

同前，由表 10.8 可求得在考虑资金构成情况一下干线上游段修正系数 $\alpha=0.6426$；情况二下干线上游段修正系数 $\alpha=0.6421$。

修正前、后干线上游段沿程单方水供水成本如图 10.6 和图 10.7 所示。

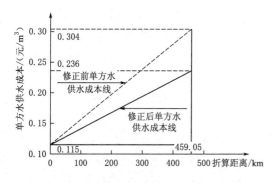

图 10.6 考虑资金构成情况下干线上游段
单方水供水成本图（情况一）

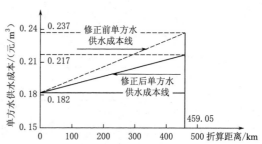

图 10.7 考虑资金构成情况下干线上游段
单方水供水成本图（情况二）

考虑资金构成情况一和情况二下修正后的干线上游段沿程单方水供水成本计算公式见式（10.6）和式（10.7）。

$$Y_6=0.115+2.6458\times10^{-4}X, \qquad 0\leqslant X\leqslant459.05 \tag{10.6}$$

$$Y'_6=0.182+7.6933\times10^{-5}X, \qquad 0\leqslant X\leqslant459.05 \tag{10.7}$$

式中：Y_6、Y'_6 为考虑资金构成情况一和情况二下修正后的干线上游段沿程单方水供水成本，元/m³；X 为干线上游段供水口门距水源（三江营）的折算距离，km。

3. 方法四结果修正

参见 10.1.2 节，南水北调东线一期工程干线上游段在考虑运行成本情况下始端单方水供水成本为 $UC'_{6u} = 0.143$ 元/m³，末端为 $UC'_{7u} = 0.276$ 元/m³。

南水北调东线一期工程干线上游段供水总成本费用为 75429.54 万元。

干线上游段在考虑运行成本情况下沿程单方水供水成本修正计算过程见表 10.9。

表 10.9　　　　考虑运行成本情况下干线上游段沿程单方水供水成本修正计算表

分段	区　　间	净增供水量 /亿 m³	折算距离 /km	修正前单方水 供水成本 /(元/m³)	区段供水 成本费用 /万元	修正后单方水 供水成本 /(元/m³)
上游段	三江营	0	0	0.143		0.143
	三江营—江都	0	22.4	0.149	0.00	0.147
	江都—宝应	0.74	101.35	0.172	1190.86	0.162
	宝应—洪泽湖	2.10	207.47	0.203	3942.48	0.182
	洪泽湖—骆马湖	10.19	345.38	0.243	22732.70	0.207
	骆马湖—大王庙	1.82	391.58	0.256	4545.62	0.216
	大王庙—韩庄入湖处	21.60	459.05	0.276	56333.42	0.228
合计		36.01			88745.08	

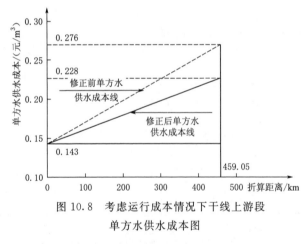

图 10.8　考虑运行成本情况下干线上游段
单方水供水成本图

门距水源（三江营）的折算距离，km。

同前，由表 10.9 可求得在考虑运行成本情况下干线上游段修正系数 $\alpha = 0.7696$，修正前、后上游段沿程单方水供水成本如图 10.8 所示。

考虑运行成本情况下修正后的干线上游段沿程单方水供水成本计算见式（10.8）。

$$Y_{10} = 0.143 + 1.8616 \times 10^{-4} X,$$
$$0 \leqslant X \leqslant 459.05 \qquad (10.8)$$

式中：Y_{10} 为考虑运行成本情况下修正后的干线上游段沿程单方水供水成本，元/m³；X 为干线上游段供水口

10.2.3　干线下游段的工程供水成本细化结果修正

1. 方法二结果修正

参见 10.1.3 节，山东省境内干线工程在考虑耗能情况下单方水供水成本始端为 $UC_{2s} = 0.638$ 元/m³，东平湖之后单方水供水成本为 $UC'_{3s} = 0.700$ 元/m³。

南水北调东线一期工程山东省境内干线工程供水总成本费用为 114535.85 万元。考虑耗能情况下山东省境内干线工程沿程单方水供水成本修正计算过程见表 10.10。

表 10.10 考虑耗能情况下山东省境内干线工程沿程单方水供水成本修正计算过程表

分段	区　间	净增供水量/亿 m³	折算距离/km	修正前单方水供水成本/(元/m³)	区段供水成本费用/万元	修正后单方水供水成本/(元/m³)
1	韩庄入湖处		0.00	0.638	0.00	0.638
2	韩庄入湖处—二级坝站	2.44	48.40	0.653	15750.20	0.653
3	二级坝—梁济运河口	2.86	115.40	0.675	18990.40	0.675
4	梁济运河口—长沟站	0.14	141.40	0.683	950.60	0.684
5	长沟站—邓楼站	0	173.29	0.693		0.694
6	邓楼站—八里湾站	0	194.57	0.700		0.701
7	东平湖—位山	0	194.57	0.700		0.701
8	位山—邱屯闸上	3.79	194.57	0.700	26530.00	0.701
9	东平湖渠首闸—睦里庄跌水	0	284.46	0.700		0.701
10	睦里庄跌水—出小清河涵闸	0.30	289.04	0.700	2100.00	0.701
11	出小清河涵闸—入分洪道涵闸	3.93	399.84	0.700	27510.00	0.701
12	入分洪道涵闸—引黄济青闸	4.47	434.45	0.700	22610.00	0.701
合计		19.32			88745.08	

同前，由表 10.12 可求得山东省境内干线工程沿程单方水供水成本修正系数 $\alpha = 1.0119$。考虑耗能情况下修正前、后山东省境内干线工程沿程单方水供水成本如图 10.9 所示。

考虑耗能情况下修正后的山东省境内干线工程沿程单方水供水成本计算见式（10.9）。

$$Y_4 = \begin{cases} 0.638 + 3.2214 \times 10^{-4} X, & 0 \leqslant X < 194.57 \\ 0.701, & 194.57 \leqslant X \leqslant 434.45 \end{cases}$$
$$(10.9)$$

式中：Y_4 为考虑耗能情况下修正后的山东省境内干线工程单方水供水成

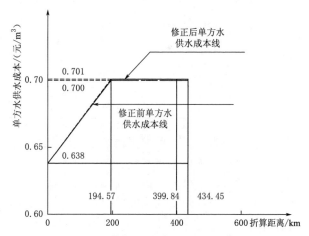

图 10.9 考虑耗能情况下山东省境内干线工程单方水供水成本变化过程图

本，元/m³；X 为山东省境内干线工程沿程各取水口门到苏鲁省界的折算距离，km。

2. 方法三结果修正

参见 10.1.3 节，南水北调东线一期工程干线在考虑资金构成情况一下始端单方水供

水成本为 $UC_{4s}=0.377$ 元/m³，末端为 $UC_{5s}=0.995$ 元/m³；情况二下始端单方水供水成本为 $UC'_{4s}=0.553$ 元/m³，末端为 $UC'_{5s}=0.820$ 元/m³。

南水北调东线一期工程山东省境内干线工程供水总成本费用为 114535.85 万元。山东省境内干线工程在考虑资金构成两种情况下沿程单方水供水成本修正计算过程见表 10.11。

表 10.11　　　　山东省境内干线工程沿程单方水供水成本修正计算过程表

序号	区　间	净增供水量/亿 m³	折算距离/km	修正前单方水供水成本/(元/m³)		区段供水成本费用/万元		修正后单方水供水成本/(元/m³)	
				情况一	情况二	情况一	情况二	情况一	情况二
1	韩庄入湖处		0.00	0.377	0.553	0.00	0.00	0.377	0.553
2	韩庄入湖处—二级坝站	2.44	48.40	0.446	0.583	10038.75	13856.09	0.442	0.581
3	二级坝—梁济运河口	2.86	115.40	0.541	0.624	14114.15	17255.33	0.532	0.620
4	梁济运河口—长沟站	0.14	141.40	0.578	0.640	783.51	884.68	0.567	0.635
5	长沟站—邓楼站	0	173.29	0.624	0.659	0.00	0.00	0.610	0.653
6	邓楼站—八里湾站	0	194.57	0.654	0.673	0.00	0.00	0.639	0.666
7	八里湾站—大屯水库	3.79	194.57	0.654	0.673	24778.02	25490.67	0.639	0.666
8	八里湾站—东平湖渠首闸—睦里庄跌水	0	284.46	0.782	0.728	0.00	0.00	0.760	0.718
9	睦里庄跌水—出小清河涵闸	0.30	289.04	0.788	0.731	2354.70	2187.68	0.766	0.721
10	出小清河涵闸—入分洪道涵闸	3.93	399.84	0.946	0.799	34071.60	30052.02	0.915	0.785
11	入分洪道涵闸—引黄济青闸	3.23	434.45	0.995	0.820	31343.40	26142.49	0.962	0.805
	合计	16.69				117484.12	115868.96		

同前，由表 10.11 可求得山东省境内干线工程考虑资金构成情况一时的修正系数 $\alpha=0.9460$；情况二下的修正系数 $\alpha=0.9434$。

考虑资金构成情况下修正前、后山东境内干线工程沿程单方水供水成本如图 10.10 和图 10.11 所示，情况一和情况二下修正后的沿程单方水供水成本计算见式（10.10）和式（10.11）。

$$Y_8=0.553+5.800\times10^{-4}X, \qquad 0\leqslant X\leqslant434.45 \tag{10.10}$$

$$Y'_8=0.553+5.8000\times10^{-4}X, \qquad 0\leqslant X\leqslant434.45 \tag{10.11}$$

式中：Y_8、Y'_8 为考虑资金构成情况一和情况二下修正后的山东省境内干线工程单方水供水成本，元/m³；X 为山东省境内干线工程沿程各口门到韩庄入湖处的折算距离，km。

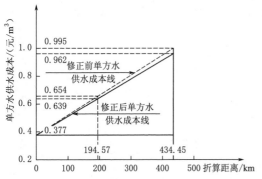

图 10.10　考虑资金构成情况下山东省境内干线
工程沿程单方水供水成本图（情况一）

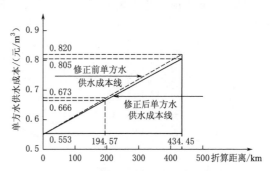

图 10.11　考虑资金构成情况下山东省境内干线
工程沿程单方水供水成本图（情况二）

3. 方法四结果修正

参见 10.1.3 节，南水北调东线一期工程山东省境内干线工程在考虑运行成本情况下始端单方水供水成本为 $UC'_{6s}=0.511$ 元/m³，末端为 $UC'_{7s}=0.861$ 元/m³。

南水北调东线一期工程山东省境内干线工程供水总成本费用为 114535.85 万元。山东省境内干线工程在考虑运行成本情况下沿程单方水供水成本修正计算过程见表 10.12。

表 10.12　考虑运行成本情况下山东省境内干线工程沿程单方水供水成本修正计算过程表

序号	区　　　间	净增供水量 /亿 m³	折算距离 /km	修正前单方水 供水成本 /(元/m³)	区段供水 成本费用 /万元	修正后单方水 供水成本 /(元/m³)
1	韩庄入湖处		0.00	0.511		0.511
2	韩庄入湖处—二级坝站	2.44	48.40	0.550	12944.10	0.548
3	二级坝—梁济运河口	2.86	115.40	0.604	16501.63	0.599
4	梁济运河口—长沟站	0.14	141.40	0.625	860.22	0.619
5	长沟站—邓楼站	0	173.29	0.651	0.00	0.643
6	邓楼站—八里湾站	0	194.57	0.668	0.00	0.659
7	八里湾站—大屯水库	3.79	194.57	0.668	25307.68	0.659
8	八里湾站—东平湖渠首闸—睦里庄跌水	0	284.46	0.740	0.00	0.728
9	睦里庄跌水—出小清河涵闸	0.30	289.04	0.744	2226.03	0.731
10	出小清河涵闸—入分洪道涵闸	3.93	399.84	0.833	30987.52	0.816
11	入分洪道涵闸—引黄济青闸	3.23	434.45	0.861	27360.00	0.842
	合计	16.69			116187.17	

同前，由表 10.12 可求得山东省境内干线工程考虑运行成本情况下的修正系数 $\alpha =$ 0.9466，修正前、后山东省境内干线工程沿程单方水供水成本如图 10.12 所示。

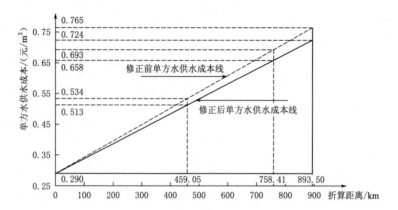

图 10.12　考虑运行成本情况下山东省境内干线工程沿程供水成本图

考虑运行成本情况下修正后的山东境内干线工程沿程单方水供水成本计算见式（10.12）。

$$Y_{12} = 0.511 + 7.1688 \times 10^{-4} X, \qquad 0 \leqslant X \leqslant 434.45 \qquad (10.12)$$

式中：Y_{12} 为考虑运行成本情况下修正后的山东省境内干线工程单方水供水成本，元/m³；X 为山东省境内干线工程沿程各口门到韩庄入湖处的折算距离，km。

10.2.4　结果修正汇总

10.2 节对 10.1 节中的部分计算结果进行了修正，修正计算过程见 10.2.1 节至 10.2.3 节的具体内容，修正后的各区段不同方法下单方水供水成本汇总见表 10.13。

表 10.13　　　　　修正后的各区段不同方法下单方水供水成本　　　　　单位：元/m³

区　　段	方法一	方　法　二		方　法　三		方　法　四	
	全线相同	始端	末端	始端	末端	始端	末端
总干线	0.528	0.443	0.566	0.290 0.438	0.724 0.601	0.380	0.649
干线上游段	0.209	0.147	0.227	0.115 0.182	0.236 0.217	0.143	0.228
干线下游段	0.686	0.638	0.701	0.377 0.553	0.962 0.805	0.511	0.842

注　表中方法三有两行数据，上面一行数字对应情况一的计算结果，下面一行数字对应情况二的计算结果。

第11章 基于成本分摊公式的各段单方水供水成本计算结果

本章采用成本分摊公式，为减少其非线性等方面的影响，也为了计算结果更加实用，将南水北调东线一期工程干线分为干线上、下游两段，计算供水成本。

11.1 净增供水量分摊公式下的各段单方水成本分析与计算

按照上、下游段净增供水量的比例将上游段段内输水损失向下游段分摊，分别得出两段应承担的输水损失，见式（11.1），各段的折算水量为净增供水量与每段分摊的损失水量之和，见式（11.2）。

$$W_{n分摊损失} = \sum_{i=1}^{n} \frac{W_{n净水量}}{\sum_{j=i}^{m} W_{j净水量}} \cdot W_{i损失} \tag{11.1}$$

$$W_n = W_{n分摊损失} + W_{n净水量} \tag{11.2}$$

式中：$W_{n分摊损失}$ 为第 n 段分摊的损失水量，m^3；$W_{n净水量}$ 为第 n 段的净增供水量，m^3；$W_{j净水量}$ 为第 j 段的净增供水量，m^3；$W_{i损失}$ 为第 i 段的输水损失，m^3；W_n 为第 n 段的折算水量，m^3；n 为调水方向分摊区段的编号；m 为区段划分总数。

参见参考文献［31］和［35］，干线上游段净增供水量为 19.32 亿 m^3，下游段净增供水量为 16.69 亿 m^3。各段净增供水量和输水损失见表 11.1。

表 11.1 　　南水北调东线一期工程上、下游段净增供水量及输水损失表　　单位：亿 m^3

干线	区段	净增供水量	输水损失
上游段	长江—洪泽湖（含宝应、淮安、洪泽、金湖站）	7.71	0.75
	洪泽湖—骆马湖（淮阴、洪泽—泗阳、泗洪站）	3.23	0.32
	骆马湖—下级湖	3.91	2.91
	不牢河段［骆马湖（大王庙—韩庄站）］	4.47	1.90
	小计	19.32	5.88
下游段	下级湖—上级湖（上游段用水）	1.97	0.69
	下级湖—上级湖（下游段用水）	0.47	0.19
	上级湖—东平湖（上游段用水）	1.19	0.40
	上级湖—东平湖（下游段用水）	1.81	0.60

续表

干线	区　段	净增供水量	输水损失
下游段	东平湖	0.00	0.63
	临清段（东平湖—临清）	1.79	0.29
	德州段（临清—德州）	2.00	0.33
	胶东段	7.46	1.37
	小计	16.69	4.50
合计		36.01	10.38

根据表 10.3 中的数据，应用式（11.1）可求得上游段分摊的输水损失为 3.155 亿 m³，由式（11.2），可求得干线上游段的折算水量为 22.47 亿 m³。同理，可得干线下游段输水损失为 7.23 亿 m³，干线下游段的折算水量为 23.92 亿 m³。

11.2　折算水量分摊公式下的各段单方水成本分析与计算

考虑折算水量的成本分摊公式为

$$C_n = \sum_{i=1}^{n} \frac{W_n}{\sum_{j=1}^{m} W_j} \cdot C_i \tag{11.3}$$

$$D_n = \frac{C_n}{W_n} \tag{11.4}$$

式中符号意义同前。

南水北调东线一期工程干线以苏鲁省界为分界点，分为上、下游两段，即 $n=2$，两段的费用见表 11.2。

表 11.2　　　　　　　　各区段费用汇总表　　　　　　　　单位：万元

区段	折旧费	运　行　费			合计
		抽水电费	其他	小计	
总干线	71691.14	30364.82	87909.43	118274.25	189965.39
干线上游段	22140.64	22319.97	30968.93	53288.90	75429.54
干线下游段	49550.50	8044.85	56940.50	64985.35	114535.85

参考第 5 章，本次研究认为分摊计算可考虑以下七种情况：①45％固定资产折旧费上游段向下游段分摊；②抽水电费上游段向下游段分摊；③45％运行费上游段向下游段分摊；④45％总成本费用上游段向下游段分摊；⑤运行费上游段向下游段分摊；⑥45％固定资产折旧费和全部运行费用上游段向下游段分摊；⑦全部费用上游段向下游段分摊。

按照式（11.3），当 $n=2$ 时，上游段按照折算水量计算出的分摊系数为 22.47÷46.39＝0.484，下游段为 23.92÷46.39＝0.516，经计算可得不同情况下的各段应分摊的供水费用。应用式（11.4），经计算可得各段的单方水供水成本。各段分摊的供水费用及单方水供水成本结果见表 11.3。

表 11.3 不同情况下分摊后的费用及单方水供水成本汇总表

情况	具 体 方 案	分摊后的费用		单方水供水成本	
		干线上游段	干线下游段	干线上游段	干线下游段
一	45%固定资产折旧费分摊	70292.19	119673.2	0.364	0.717
二	抽水电费分摊	63920.73	126044.66	0.331	0.755
三	45%运行费分摊	63055.86	126909.53	0.326	0.76
四	45%总成本费用分摊	57927.42	132037.97	0.3	0.791
五	运行费分摊	47952.27	142013.12	0.248	0.851
六	45%固定资产折旧费和全部运行费分摊	42791.41	147173.98	0.221	0.882
七	全部费用分摊	36535.93	153429.46	0.189	0.919

第 12 章　基于成本-水量沿程变化的各段单方水供水成本计算结果

第 7 章提出了单方水供水成本的计算理论与三种计算方法。从理论上而言，三种计算方法均可获得满意的计算结果。但对于特殊工程（例如，南水北调东线一期工程），由于人为因素很多（如各段的用水量与运行成本的比例严重失调，新建工程与大量的原有工程并用等），影响单方水沿程供水成本的因素非常复杂。在这种情况下，建议采用 7.3 节中的以供水成本与供水量沿程变化曲线为基础的计算方法。

12.1　基于成本-水量沿程变化的各段单方水供水成本计算结果

1. 原数据的计算结果（山东省水利厅等编写的《南水北调东线一期工程不同控制断面供水成本与水价测算报告》，2006 年 1 月）

原数据各段的供水成本与供水量见表 12.1。

表 12.1　　　　　　　　　　原数据各段供水成本与供水量

区　段	洪泽湖	骆马湖	下级湖	上级湖	东平湖	鲁北段	胶东段	总和
供水成本/亿元	4.53	3.14	2.56	0.92	1.8	1.56	2.87	17.38
净增水量/亿 m³	10.94	3.91	6.91	3	0	3.79	7.46	36.01

把全线分为 5 段（即洪泽湖、骆马湖、下级湖、上级湖及东平湖、鲁北段和胶东段合并，共 5 段）。利用成本分摊公式和本书 7.3 节的公式（以下简称本书公式），分别计算各段单方水供水成本，计算结果分别见表 12.2。

表 12.2　　　　　　　　　　各段单方水供水成本　　　　　　　　　　单位：元/m³

区　　段	洪泽湖	骆马湖	下级湖	上级湖	东平湖 鲁北段 胶东段
成本分摊公式	0.125798	0.251048	0.372031	0.436592	0.990370
本书公式/（元/m³）	0.14756	0.266308	0.402015	0.464767	0.937974

2. 新数据的计算结果（2011 年 12 月）。

新数据各段的供水成本与供水量见表 12.3。

表 12.3　　　　　　　　　　新数据各段供水成本与供水量

区　　段	洪泽湖	骆马湖	苏鲁省界	下级湖	上级湖	东平湖	鲁北段	胶东段	总和
供水成本/亿元	4.252	2.43	0.861	1.187	1.51	2.017	2.412	4.328	18.997
净增水量/亿 m³	10.94	3.91	4.47	2.44	3	0	3.79	7.46	36.01

若把全线分为6段，即在前面划分的基础上，增加了苏鲁省界段。利用成本分摊公式和本书公式，分别计算各段单方水供水成本，各段的计算结果见表12.4和表12.6。

表 12.4 各段单方水供水成本 单位：元/m³

区 段	洪泽湖	骆马湖	苏鲁省界	下级湖	上级湖	东平湖 鲁北段 胶东段
成本公摊公式	0.118078	0.215007	0.255697	0.326817	0.432782	1.211182
本书公式	0.141354	0.238973	0.295357	0.360504	0.453296	1.151701

3. 最新数据的计算结果（2012年9月）

根据《南水北调东线一期山东境内干线工程初步设计批复文件汇编》中的最新数据，计算得到各段的供水成本与供水量见表12.5。

表 12.5 最新数据各段供水成本与供水量

区 段	洪泽湖	骆马湖	苏鲁省界	下级湖	上级湖	东平湖	鲁北段	胶东段	总和
供水成本/亿元	3.746	3.499	0.874	1.371	1.013	1.865	2.515	4.159	19.043
净增水量/亿 m³	10.94	3.91	4.47	2.44	3	0	3.79	7.46	36.01

同前，若把全线分别划分为6段和2段，利用成本分摊公式和本书公式，分别计算各段单方水供水成本，各段的计算结果见表12.6和表12.7。

表 12.6 各段单方水供水成本（本书公式，分6段）

区 段	洪泽湖	骆马湖	苏鲁省界	下级湖	上级湖	东平湖 鲁北段 胶东段
各段单方水供水 成本/(元/m³)	0.124398	0.258722	0.317243	0.390899	0.463476	1.147347

表 12.7 各段单方水供水成本（本书公式，分2段）

区 段	上游段	下游段
各段单方水供水成本/(元/m³)	0.278369	0.818720

12.2 考虑基础供水成本的改进计算方法

12.2.1 计算方法

由式（7.21）可见，起点处（$x=0$处）供水成本为零。对于实际供水工程而言，起点处的供水成本也不应为零，应有一个基数值。该基数值反映用该供水工程的水应分担的最基本的成本费用。据此，式（7.21）可写成式（12.1），示意图如图12.1所示。

$$D(a) = \frac{\int_0^T [y_2(x) + z_2(x)] \mathrm{d}x}{\int_0^T g(x) \mathrm{d}x} + \frac{\int_0^a [y_1(x) + z_1(x)] \mathrm{d}x}{\alpha \int_0^a g(x) \mathrm{d}x + \int_a^T g(x) \mathrm{d}x}$$

$$= \frac{U_2 + C_2}{W} + \frac{U_1(a) + C_1(a)}{\alpha W_1(a) + W_2(a)}$$

$$= \frac{U_2 + C_2}{W} + \frac{U_1(a) + C_1(a)}{W - (1-\alpha)W_1(a)} \tag{12.1}$$

式中：$y_1(x)$ 为沿程供水成本的运行费分布函数；$z_1(x)$ 为沿程供水成本的折旧费分布函数；$y_2(x)$ 为记入基础供水成本的运行费分布函数；$z_2(x)$ 为基础供水成本的折旧费分布函数；$U_1(a)$ 为干线工程 $(0, a)$ 区间记入沿程供水成本的运行费；$C_1(a)$ 为干线工程 $(0, a)$ 区间记入沿程供水成本的折旧费；U_2 为干线工程记入基础供水成本的运行费；C_2 为干线工程记入基础供水成本的折旧费；其他符号意义同前。

在实际应用时，参照式（7.22），式（12.1）可用式（12.2）表示，示意图如图 12.2 所示。

$$D(n) = D_0 + \frac{C(n)}{W - (1-\alpha)W_1(n)} \tag{12.2}$$

式中：D_0 为干线工程的基础供水成本，元/m^3；其他符号意义同前。

同前，在实际情况下，图 12.1 和图 12.2 应为折线型。

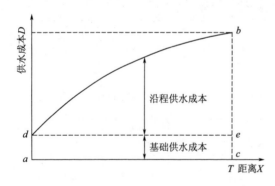

图 12.1　考虑基础供水成本的单方水供水成本示意图

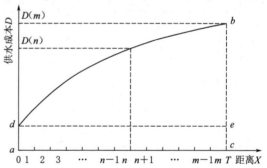

图 12.2　实际应用时考虑基础供水成本的单方水供水成本示意图

对于式（12.2）和图 12.2 而言，在单方水供水成本计算时，应由两部分组成，其一是基础成本部分（体现公益性、公平性、基础性等），其二是沿程成本部分。基础成本部分沿程均相同，关键是确定纳入基础部分的内容。沿程成本部分计算方法同 7.3 节，只是纳入计算的成本是总成本减去基础成本。因此，具体计算方法本节不再重述。

12.2.2　基础供水成本和沿程供水成本的划分

考虑到公共工程的实际运行，把部分山东省境内工程管理设施专项工程（一级管理局）、苏鲁省际工程管理设施专项工程山东部分、部分山东省境内调度运行管理系统工程（一级管理局）、苏鲁省际工程调度运行管理系统工程山东部分、山东省境内一级管理局人员工资、苏鲁省际工程山东部分的人员工资这几项记入基础供水成本，各段专有工程的供水成本费用记入沿程供水成本。

南水北调东线一期工程的利润暂以还贷运行期为计算区间，为方便处理，用于供水的中央预算内拨款和南水北调基金作为工程建成之初的净资产。运行期间，当年比前一年的净资产增加1%，以16年还贷运行期的净资产平均值作为净资产。根据《南水北调工程总体规划》（参见水利部办公厅文件，办规计〔2006〕175号《关于印送南水北调东线一期工程水量和水价问题协调会纪要的通知》），南水北调东线一期工程的供水利润按净资产的1%考虑。

根据《南水北调东线一期工程初步设计批复文件汇编》中的批复的最新数据，各段的基础供水成本、沿程供水成本与供水量的结果见表12.8。

表 12.8　　　　　　　　　　最新数据山东省各段供水成本与供水量

区　段	苏鲁省界—下级湖	下级湖—上级湖	上级湖—东平湖	鲁北段	胶东段	总和
基础供水成本/亿元	0.744					0.744
沿程供水成本/亿元	1.319	0.949	1.802	2.404	3.803	10.276
净增水量/亿 m³	2.44	3	0	3.79	7.46	16.69

基础成本部分沿程均相同，则单方水基础供水成本是基础供水成本与全线供水量的比值，计算见式（12.3）。

$$D_0 = \frac{0.744}{16.69} = 0.044599(元/m^3) \tag{12.3}$$

12.2.3　单方水沿程供水成本的计算

沿程成本部分采用供水成本与供水量沿程变化曲线的计算方法，下面以南水北调东线一期工程山东省境内分为苏鲁省界—下级湖、下级湖—上级湖、上级湖—东平湖、鲁北段和胶东段5个区段为例，给出其具体计算步骤。

（1）计算 $C(n)$，$W_1(n)$，见表12.9。

表 12.9　　　　　　　　　　$C(n)$，$W_1(n)$ 值

区　段	苏鲁省界—下级湖	下级湖—上级湖	上级湖—东平湖	鲁北段	胶东段
沿程供水成本/亿元	1.319	0.949	1.802	2.404	3.803
$C(n)$/亿元	1.319	2.268	4.070	6.474	7.873
净增水量/亿 m³	2.44	3	0	3.79	7.46
$W_1(n)$/亿 m³	2.44	5.44	5.44	9.23	12.90

（2）列出 $D(n)$ 的表达式。

$$D(1)=\frac{C(1)}{W-(1-\alpha)W_1(1)}=\frac{1.319}{16.69-(1-\alpha)\times2.44}$$

$$D(2)=\frac{C(2)}{W-(1-\alpha)W_1(2)}=\frac{2.268}{16.69-(1-\alpha)\times5.44}$$

$$D(3)=\frac{C(3)}{W-(1-\alpha)W_1(3)}=\frac{4.070}{16.69-(1-\alpha)\times5.44} \qquad (12.4)$$

$$D(4)=\frac{C(4)}{W-(1-\alpha)W_1(4)}=\frac{6.474}{16.69-(1-\alpha)\times9.23}$$

$$D(5)=\frac{C(5)}{W-(1-\alpha)W_1(5)}=\frac{7.873}{16.69-(1-\alpha)\times12.90}$$

（3）将 $D(n)$ 的表达式代入式（7.23）推求 α。

$$\sum_{i=1}^{m}D(i)\cdot W_i=\sum_{i=1}^{m}C(i)=C \qquad (12.5)$$

由上式可得　$D(1)\cdot W_1+D(2)\cdot W_2+D(3)\cdot W_3+D(4)\cdot W_4+D(5)\cdot W_5=C$

代入数据可得

$$C=\frac{1.319\times2.44}{16.69-(1-\alpha)\times2.44}+\frac{2.268\times3}{16.69-(1-\alpha)\times5.44}+\frac{4.070\times0}{16.69-(1-\alpha)\times5.44}$$
$$+\frac{6.474\times3.79}{16.69-(1-\alpha)\times9.23}+\frac{7.873\times7.46}{16.69-(1-\alpha)\times12.90}=10.276$$

计算得　　　　　　　　　　　　　　$\alpha=0.74864$

（4）将 α 代入式（7.22）计算 $D(n)$。

$$D(1)=\frac{1.319}{16.69-(1-0.74864)\times2.44}=0.082062$$

$$D(2)=\frac{2.268}{16.69-(1-0.74864)\times5.44}=0.148033$$

$$D(3)=\frac{4.070}{16.69-(1-0.74864)\times5.44}=0.265619$$

$$D(4)=\frac{6.474}{16.69-(1-0.74864)\times9.23}=0.936841$$

$$D(5)=\frac{7.873}{16.69-(1-0.74864)\times12.90}=0.815202$$

12.3　基于改进计算方法的各段单方水供水成本计算结果

把南水北调东线一期工程山东段分别分为 3 段（苏鲁省界—下级湖，下级湖—上级湖，上级湖—东平湖、鲁北段和胶东段；苏鲁省界—下级湖，下级湖—上级湖、上级湖—东平湖，鲁北段、胶东段）、4 段（苏鲁省界—下级湖，下级湖—上级湖、上级湖—东平湖，鲁北段，胶东段）和 5 段（苏鲁省界—下级湖，下级湖—上级湖，上级湖—东平湖，鲁北段，胶东段），采用考虑基础供水成本的单方水供水成本计算方法，其中沿程供水成本部分分别采用成本分摊方法与本书方法来计算。

最新数据不同分段情况下的计算结果见表12.10～表12.12和表12.13。

表12.10　　　　　南水北调东线一期工程各段单方水供水成本（分5段）　　　单位：元/m³

区　段	苏鲁省界—下级湖	下级湖—上级湖	上级湖—东平湖	鲁北段	胶东段
单方水基础供水成本	0.044599				
单方水沿程供水成本	0.082062	0.148033	—	0.936841	0.815202
单方水供水成本小计	0.126661	0.192632	—	0.981440	0.859801

表12.11　　　　　南水北调东线一期工程各段单方水供水成本（分4段）　　　单位：元/m³

区　段	苏鲁省界—下级湖	下级湖—上级湖、上级湖—东平湖	鲁北段	胶东段
单方水基础供水成本	0.044599			
单方水沿程供水成本	0.081718	0.263028	0.903368	0.786075
单方水供水成本小计	0.126317	0.307627	0.947967	0.830674

表12.12　　　南水北调东线一期工程各段单方水供水成本（分3段，东平湖划入第三段）

区　段	苏鲁省界—下级湖	下级湖—上级湖	上级湖—东平湖、鲁北段、胶东段
基础单方水供水成本	0.044599		
沿程单方水供水成本	0.082425	0.149577	0.855687
单方水供水成本小计	0.127025	0.194176	0.900286

表12.13　　　南水北调东线一期工程各段单方水供水成本（分3段，东平湖划入第二段）

区　段	苏鲁省界—下级湖	下级湖—上级湖 上级湖—东平湖	鲁北段 胶东段
基础单方水供水成本	0.044599		
沿程单方水供水成本	0.082088	0.265817	0.824768
单方水供水成本小计	0.126687	0.310416	0.869367

第4篇 结 论 篇

第13章 讨 论

大型调水工程涉及沿线城市多，工程建设情况复杂，其核算与分摊计算是一项系统性工程，具有复杂性和非线性的特点。本书对大型调水工程的供水成本核算和供水成本分摊进行了系统分析和研究，本章对书中提出的新方法进行一些讨论，进一步明确不同方法的适用性。

13.1 对供水成本核算的讨论

调水工程的成本核算具有诸多要素，目前常将水资源费、固定资产折旧费、工程维护费、管理人员工资福利费、工程管理费、贷款年利息净支出、抽水电费和其他费用等八项内容作为核算的要素。因此，在核算过程中，可以根据调水工程的特点，有针对性的侧重成本核算的不同要素。在此基础上，本书提出了五种成本细化核算的方法，即基于干线统一、考虑泵站能耗、考虑资金构成、考虑运行成本和综合考虑资金构成与运行成本的细化核算方法。五种细化核算方法体现了五种不同的侧重。

干线统一的细化方法侧重于公共商品的公平性特点，将全线作为一个整体共同分担工程的建设运行成本。

考虑泵站能耗的细化方法适用于沿线泵站数量较多的调水工程，将泵站能耗单独剥离，协调上下游的成本核算与分摊。

考虑资金构成的细化方法侧重于体现公共商品的公益性特点，对工程投资的来源进行细化，针对具有中央财政拨款的大型跨流域调水工程，将国家投资和贷款部分的资金分别进行细化核算。

考虑运行成本的细化方法侧重于调水工程"谁受益，谁分摊"的要求，将上游区段的全部或部分运行费用纳入下游的成本核算中，使受益区段承担相应费用。

综合考虑资金构成与运行成本的细化方法对后两种方法进行了综合，使核算方法在考虑调水工程公益性的基础上，也能兼顾"谁受益，水分摊"的要求，为合理制定分摊策略提供基础。

13.2 对供水成本分摊的讨论

将本书提出的方法与"成本分摊公式"的计算结果进行比较，直观比较两种方法结果，讨论两种方法的不同。本书的方法为考虑基础供水成本的改进计算方法，成本分摊公式采用净增供水量公式进行计算，从全线平均单方水成本、不同分段数下江苏省和山东省的分担成本以及省界交水断面处的成本三个方面进行对比分析。

1. 结果对比

（1）全线平均单方水供水成本见表 13.1。

表 13.1　　　　　　　　　全线平均单方水供水成本　　　　　　　单位：元/m³

数　据	原数据	新数据	最新数据
平均单方水供水成本	0.482644	0.527548	0.519011

（2）江苏省与山东省的分摊成本。见表 13.2～表 13.5。

表 13.2　　　　　　分 5 段时的不同区段两种方法的分摊成本对比　　　　单位：元/m³

区　　段	方　　法	
	本书方法	成本分摊公式
苏鲁省界—下级湖	0.126661	0.123645
下级湖—上级湖	0.192632	0.19024
上级湖—东平湖	—	—
鲁北段	0.98144	0.984576
胶东段	0.859801	0.860153

注　单方水基础供水成本为 0.044599 元/m³。

表 13.3　　　　　　分 4 段时的不同区段两种方法的分摊成本对比　　　　单位：元/m³

区　　段	方　　法	
	本书方法	成本分摊公式
苏鲁省界—下级湖	0.126317	0.123645
下级湖—上级湖 上级湖—东平湖	0.307627	0.316676
鲁北段	0.947967	0.950859
胶东段	0.830674	0.826436

注　单方水基础供水成本为 0.044599 元/m³。

表 13.4　　分 3 段时的不同区段两种方法的分摊成本对比（东平湖划入第三段）　　单位：元/m³

区　　段	方　　法	
	本书方法	成本分摊公式
苏鲁省界—下级湖	0.127025	0.123645
下级湖—上级湖	0.194176	0.190240
上级湖—东平湖 鲁北段 胶东段	0.900286	0.902069

注　单方水基础供水成本为 0.044599 元/m³。

表 13.5　　分 3 段时的不同区段两种方法的分摊成本对比（东平湖划入第二段）　　单位：元/m³

区　　　段	方　　法	
	本书方法	成本分摊公式
苏鲁省界—下级湖	0.126687	0.123645
下级湖—上级湖 上级湖—东平湖	0.310416	0.316676
鲁北段 胶东段	0.869367	0.868353

注　单方水基础供水成本为 0.044599 元/m³。

2. 分析与讨论

大型调水工程涉及的取水城市多，城市之间的经济发展、基础设施差异较大。如何制定合理的水价策略，从而体现资源分配过程中的公平性，一直是此类工程面临的挑战。虽然，世界范围内许多国家都建设了调水工程，但由于其水市场运作方式的不同、利益相关者不同，导致很多经验和方法都无法直接运用到中国。中国的水市场即受到市场经济的调节（工程需要回收成本），又受到政府的干预（体现社会公平），同时工程的实施也多由政府主导，因此，政府的角色既是建设者又是利益相关者，也是监督者。这使得基于博弈或者对策论的方法在我国变得异常复杂，而且即使采用此类方法，也需要提供一个相对客观的参考。

"成本分摊公式"（包括水量分摊公式）的基本思路是：将上游段的部分成本分摊给下游段，分摊的多少取决于用水量多少，其基本思路是正确的。但存在的主要问题是：分段数不同，向后边段分摊的次数也不同；随着分段数增加，向后边段分摊的次数也不断增加，后边段承担的分摊量就越大。也就是说对于某一固定的地方，此地的单方水成本是随计算时分段数量的不同而变化，造成此地的单方水成本具有一定的不确定性。对于这种情况，到底分几段合理？这是一个比较困惑的问题。

本次研究在已有的分摊公式基础上，从分析分摊要素入手，以工程总供水量和总投资作为控制标准，以沿程平均供水成本作为变量，通过对供水成本总平衡式的推导，提出了基于多要素的分摊公式，即成本-水量沿程变化分摊公式。通过 13.1 节的实例对比可知，成本-水量沿程变化分摊公式的结果相比分摊公式，不论总段数为 3、4 或 5 段，各段单方水供水成本的差异均有减小的趋势：上游段分摊略微增加，下游段略微减少。分析原因，一是由于分摊公式本身的问题。分摊公式本身不收敛，随着分段数增加，累计分摊给下游段的成本越来越高，甚至可能出现指数增长的形式。二是本次研究提出的新方法，不仅遵循了"谁受益，谁分摊"的原则，而且还进一步考虑了沿程供水成本要素的变化。一个工程建成之后，其总投资和总供水量是一个定值，那么对某一固定的地方其分摊的成本也应是一个较为固定的值（尤其对下游段来说）。成本-水量沿程变化分摊公式在一定程度上改善了原有"成本分摊公式"随分段增加，下游累计分摊费用非线性增加的现象。

第 14 章 结 论 与 建 议

14.1 结论

本书从梳理国内外调水工程供水成本入手，结合我国其他类似公益行业定价的模式，针对我国大型调水工程供水成本的费用构成特点，讨论了现行的"成本分摊公式"存在的问题，对调水工程供水成本的核算和分摊进行了细化研究，为我国不同类型调水工程的成本核算与分摊提供了参考。

（1）对于大型跨流域、跨区域调水工程，除满足上游区域本身需调水量的同时，还要承担向下游调水的任务。在一般情况下，上游段的建设规模和运行成本都会比仅满足自身需求条件下要大。因此，上游段的部分成本费用应由下游段承担。

（2）目前采用的"成本分摊公式"的基本思路就是"将上游段的部分成本分摊给下游段，分摊的多少取决于用水量多少"，其基本思路是正确的。但存在的主要问题是：分段数不同，向下游段分摊的次数也不同；随着分段数增加，向下游段的分摊费用呈非线性增加。

（3）本书提出的成本核算系列方法为不同类型调水工程的成本核算提供了参考。调水工程涉及地区多，涉及线路长，其资金构成和运行模式往往具有不同的特点。本书在全线统一核算的基础上，从泵站能耗、运行成本、资金构成和运行成本—资金构成相结合等四个侧重点，提出了不同的成本核算方法。

（4）本书提出的成本—水量沿城变化的单方水供水成本分摊方法兼顾了"谁受益，谁分摊"的原则，并改善了分段数增加，下游分摊费用非线性增加的情况。利用成本分摊公式，上游的分摊成本明显偏小，而下游的分摊明显偏大；利用本书公式，在一定程度上改善了这种情况，使得上游的分摊成本相对变大，下游的分摊成本相对变小。同时，在省界处，成本分摊公式的计算结果较本文公式的计算结果相对偏小，特别是分两段时最低。

14.2 建议

（1）厘清调水工程中涉及的各分项工程的功能和特点，在充分论证的前提下，采取合适的成本核算方法将各分项工程的工程建设和运行成本核算到全线调水工程中。

（2）在以静态投资分摊为主的情况下，如果工程运行后实行上、下游（以省界划分）单独管理，实行省界交水，各自偿还贷款等，建议采用成本分摊公式分两段时的计算结果；若以征收的水价为基础，统一偿还贷款等，建议采用本书公式的计算结果。

（3）坚持全线统一制定基础水价，在基础水价的基础上，制定沿程水价。这样对保障工程的良性运行意义重大。

（4）继续坚持全线统一水价，充分体现大型调水工程公益性、战略性特点，与四大基础产业中电、路、讯三大基础产业的定价模式相一致。

参 考 文 献

[1] 夏军，翟金良，占车生．我国水资源研究与发展的若干思考 [J]．地球科学进展，2011，26（9）：905-915．

[2] Madani K，Lund J R. California's Sacramento - San Joaquin delta conflict：from cooperation to chicken [J]. Journal of water resources planning and management，2011，138（2）：90-99.

[3] Greenlee L F，Lawler D F，Freeman B D，Marrot B，Moulin P. Reverse osmosis desalination：water sources，technology，and today's challenges [J]. Water research，2009，43（9）：2317-2348.

[4] Jiang Z Y，Li X Y. Water and energy conservation of rainwater harvesting system in the Loess Plateau of China [J]. Journal of Integrative Agriculture，2013，12（8）：1389-1395.

[5] Lyu S，Chen W，Zhang W，Fan Y，Jiao W. Wastewater reclamation and reuse in China：opportunities and challenges [J]. Journal of Environmental Sciences，2016，39：86-96.

[6] Ghimire S R，Johnston J M，Ingwersen W W，Sojka S. Life cycle assessment of a commercial rainwater harvesting system compared with a municipal water supply system [J]. Journal of Cleaner Production，2017，151：74-86.

[7] 雷保瞳．考虑过程干扰因素的引水工程工期成本仿真优化研究 [D]．郑州：华北水利水电大学，2017．

[8] 张平．南水北调工程受水区水资源优化配置研究 [D]．南京：河海大学，2005．

[9] Feng S，Li L X，Duan Z G，Zhang J L. Assessing the impacts of South - to - North Water Transfer Project with decision support systems [J]. Decision Support Systems，2007，42（4）：1989-2003.

[10] 邹远勤．水利水电工程投资管理与控制方法研究 [D]．南京：河海大学，2007．

[11] 王宝全，高淑会，孙秀玲，等．大型调水工程水价制定模式探讨 [J]．水电能源科学，2012，30（4）：113-115．

[12] 于洪涛．跨流域调水定价与调整机制研究 [D]．郑州：郑州大学，2010．

[13] 宋健峰，郑垂勇，陈晓楠，等．南水北调东线第一期工程供水成本分摊与核算 [J]．资源科学，2008，30（7）：975-982．

[14] 方妍．国外跨流域调水工程及其生态环境影响 [J]．人民长江，2005，30（10）：9-10．

[15] 庾晋．世界重大调水工程纵览（二）[J]．城市与减灾，2004（5）：15-18．

[16] 李运辉，陈献耘，沈艳忱．印度萨达尔萨罗瓦调水工程 [J]．水利发展研究，2003，3（5）：49-52．

[17] 李学森，于程一，李果峰．澳大利亚雪山调水工程管理综述 [J]．人民长江，2008，39（6）：109-110．

[18] Ghassemi，F，White，I. Inter - basin water transfer：case studies from Australia，United States，Canada，China and India. 2007，Cambridge University Press.

[19] 皮钧，熊雁晖．加利福尼亚调水工程对我国调水工程的启示 [J]．南水北调与水利科技，2004（4）：57-59．

[20] 丛黎明．大型跨流域调水工程调度运用研究 [J]．海河水利，2003（6）：61-63．

[21] 孙博．引黄济青工程工程现状评价及功能恢复方案研究 [D]．济南：山东大学，2015．

[22] 张建泽，孙培龙，于维丽，等．浅谈引黄济青工程供水水价与成本构成 [C]．山东水利学会第十届优秀学术．论文集．山东省科学技术协会，2005：2．

[23] 于洪涛，吴泽宁．跨流域调水工程投资分摊方法研究进展与展望 [J]．人民黄河，2009，1：80-82．

[24] 中华人民共和国水利部．水利建设项目经济评价规范：SL 72—94 [S]．北京：中国水利水电出版社，2013．

[25] Young H P，Okada N，Hashimoto T. Cost allocation in water resources development [J]. Water resources research，1982，18（3）：463-475.

［26］ Driessen T S H，Tijs S H. The cost gap method and other cost allocation methods for multipurpose water projects ［J］. Water Resources Research，1985，21 (10)：1469 - 1475.

［27］ Thiessen E M，Loucks D P，Stedinger J R. Computer - assisted negotiations of water resources conflicts ［J］. Group Decision and Negotiation，1998，7 (2)：109 - 129.

［28］ Madani K. Game theory and water resources ［J］. Journal of Hydrology，2010，381 (3 - 4)：225 - 238.

［29］ 张国运．对我国公用事业产品定价机制的思考 ［J］. 辽宁经济，2019 (6)：28 - 30.

［30］ 中水淮河工程有限责任公司，中水北方勘测设计研究有限责任公司，江苏省水利勘测设计研究院有限责任公司，山东省水利勘测设计院．南水北调东线第一期工程可行性研究总报告 ［R］，2005.

［31］ 中水淮河工程有限责任公司，中水北方勘测设计研究有限责任公司，江苏省水利勘测设计研究院有限责任公司，山东省水利勘测设计院．南水北调东线第一期工程可行性研究总报告综合说明（修订）［Z］，2007.

［32］ 孟建川，王蓓．南水北调东线工程供水成本核算 ［J］. 水利规划与设计，2005 (1)：21 - 22.

［33］ 宋健峰，郑垂勇，赵敏．调水工程成本分摊分段理论研究 ［J］. 人民黄河，2009，31 (1)：102 - 103.

［34］ 宋健峰，殷建军．断面水量分摊法及其在南水北调供水成本分摊中的应用 ［J］. 水利学报，2009，40 (9)：1135 - 1139.

［35］ 国务院南水北调办经济与财务司，河海大学．南水北调东线工程资产与成本费用分摊及供水成本计算实务研究研究报告 ［R］，2009.

［36］ 中水淮河工程有限责任公司，中水北方勘测设计研究有限责任公司，江苏省水利勘测设计研究院有限责任公司，山东省水利勘测设计院．水文及水量调配报告 ［R］.

附　　录

附录1　水利工程供水价格管理办法

第一章　总　　则

第一条　为健全水利工程供水价格形成机制，规范水利工程供水价格管理，保护和合理利用水资源，促进节约用水，保障水利事业的健康发展，根据《中华人民共和国价格法》、《中华人民共和国水法》制定本办法。

第二条　本办法适用于中华人民共和国境内的水利工程供水价格管理。

第三条　本办法所称水利工程供水价格，是指供水经营者通过拦、蓄、引、提等水利工程设施销售给用户的天然水价格。

第四条　水利工程供水价格由供水生产成本、费用、利润和税金构成。

供水生产成本是指正常供水生产过程中发生的直接工资、直接材料费、其他直接支出以及固定资产折旧费、修理费、水资源费等制造费用。供水生产费用是指为组织和管理供水生产经营而发生的合理销售费用、管理费用和财务费用。

利润是指供水经营者从事正常供水生产经营获得的合理收益，按净资产利润率核定。

税金是指供水经营者按国家税法规定应该缴纳，并可计入水价的税金。

第五条　水利工程供水价格采取统一政策、分级管理方式，区分不同情况实行政府指导价或政府定价。政府鼓励发展的民办民营水利工程供水价格，实行政府指导价；其他水利工程供水价格实行政府定价。

第二章　水价核定原则及办法

第六条　水利工程供水价格按照补偿成本、合理收益、优质优价、公平负担的原则制定，并根据供水成本、费用及市场供求的变化情况适时调整。

第七条　同一供水区域内工程状况、地理环境和水资源条件相近的水利工程，供水价格按区域统一核定。供水区域的具体范围由省级水行政主管部门商价格主管部门确定。其他水利工程供水价格按单个工程核定。

第八条　水利工程的资产和成本、费用，应在供水、发电、防洪等各项用途中合理分摊、分类补偿。水利工程供水所分摊的成本、费用由供水价格补偿。具体分摊和核算办法，按国务院财政、价格和水行政主管部门的有关规定执行。

第九条　利用贷款、债券建设的水利供水工程，供水价格应使供水经营者在经营期内具备补偿成本、费用和偿还贷款、债券本息的能力并获得合理的利润。经营期是指供水工程的经济寿命周期，按照国家财政主管部门规定的分类折旧年限加权平均确定。

第十条　根据国家经济政策以及用水户的承受能力，水利工程供水实行分类定价。水利工程供水价格按供水对象分为农业用水价格和非农业用水价格。农业用水是指由水利工程直接供应的粮食作物、经济作物用水和水产养殖用水；非农业用水是指由水利工程直接供应的工业、自来水厂、水力发电和其他用水。

农业用水价格按补偿供水生产成本、费用的原则核定，不计利润和税金。非农业用水价格在补偿供水生产成本、费用和依法计税的基础上，按供水净资产计提利润，利润率按国内商业银行长期贷款利率加2至3个百分点确定。

第十一条　水利工程用于水力发电并在发电后还用于其他兴利目的的用水，发电用水价格（元/立方米）按照用水水电站所在电网销售电价（元/千瓦时）的0.8％核定，发电后其他用水价格按照低于本办法第十条规定的标准核定。水利工程仅用于水力发电的用水价格（元/立方米），按照用水水电站所在电网销售电价（元/千瓦时）的1.6％～2.4％核定。

利用同一水利工程供水发电的梯级电站，第一级用水价格按上述原则核定，第二级及以下各级用水价格应逐级递减。

第十二条　在特殊情况下动用水利工程死库容的供水价格，可按正常供水价格的2至3倍核定。

第三章　水　价　制　度

第十三条　水利工程供水应逐步推行基本水价和计量水价相结合的两部制水价。具体实施范围和步骤由各省、自治区、直辖市价格主管部门确定。

基本水价按补偿供水直接工资、管理费用和50％的折旧费、修理费的原则核定。

计量水价按补偿基本水价以外的水资源费、材料费等其他成本、费用以及计入规定利润和税金的原则核定。

第十四条　各类用水均应实行定额管理，超定额用水实行累进加价。超定额加价办法由有管理权限的价格主管部门会同水行政主管部门确定。

第十五条　供水水源受季节影响较大的水利工程，供水价格可实行丰枯季节水价或季节浮动价格。

第四章　管　理　权　限

第十六条　中央直属和跨省、自治区、直辖市水利工程的供水价格，由国务院价格主管部门商水行政主管部门审批。

第十七条　地方水利工程供水价格的管理权限和申报审批程序，由各省、自治区、直辖市人民政府价格主管部门商水行政主管部门规定。

第十八条　列入价格听证目录的水利工程供水价格，在制定或调整价格时应实行价格听证，充分听取有关方面的意见。

第五章　权利义务及法律责任

第十九条　供水经营者申请制定和调整供水价格时，应如实向价格主管部门提供供水生产经营及成本情况，并出具有关账簿、文件以及其他相关资料。

第二十条　水利工程供水实行计量收费。尚未实行计量收费的，应积极创造条件，实行计量收费。暂无计量设施、仪器的，由有管理权限的价格主管部门会同水行政主管部门确定合适的计价单位。

实行两部制水价的水利工程，基本水费按用水户的用水需求量或工程供水容量收取，计量水费按计量点的实际供水量收取。

第二十一条　水利工程供水应实行价格公示制度。供水经营者和用水户必须严格执行国家水价政策，不得擅自变更水价。

水费由供水经营者或其委托的单位、个人计收，其他单位或个人无权收取水费。

第二十二条　供水经营者与用水户应根据国家有关法律、法规和水价政策，签订供用水合同。除无法抗拒的自然因素外，供水经营者未按合同规定正常供水，造成用水户损失的，应当承担损害赔偿责任。

第二十三条　用水户应当按照国家有关规定及时交付水费。用水户逾期不交付水费的，应当按照规定支付违约金。用水户在合理期限内经催告仍不交付水费和违约金的，供水经营者可以按照国家规定的程序中止供水。

第二十四条　任何单位和个人不得违反规定在水价外加收任何名目的费用或减免水费。严禁任何单位和个人截留、平调和挪用水费。

第二十五条　各级人民政府价格主管部门应当对水利工程供水价格执行情况进行监督检查，对违反价格法规、政策的单位和个人要依照《价格法》和《价格违法行为行政处罚规定》进行查处。

第六章　附　　则

第二十六条　水利工程水费是供水经营者从事供水生产取得的经营收入，其使用和管理，按国务院财政主管部门和水行政主管部门有关财务会计制度执行。

第二十七条　除农民受益的农田排涝工程外，受益范围明确的水利排涝工程，管理单位可向受益的单位和个人收取排水费，标准由有管理权限的价格主管部门按略低于供水价格的原则核定。

供排兼用的水利工程，排水费应单独核定标准，与供水水费分别计收。

第二十八条　各省、自治区、直辖市价格主管部门会同水行政主管部门根据本办法并结合本地实际情况制定实施办法，报国务院价格主管部门和水行政主管部门备案。

第二十九条　本办法自 2004 年 1 月 1 日起施行。本办法发布前有关规定与本办法相抵触的，以本办法为准。

第三十条　本办法由国务院价格主管部门会同水行政主管部门负责解释。

附录 2　水利建设项目经济评价规范（SL 72—94）（节选）

附录 B　综合利用水利建设项目费用分摊的暂行规定

B1.0.1　综合利用水利建设项目费用分摊的目的在于计算项目各项功能应承担的费用及其经济评价指标，确定项目的合理开发规模，供决策研究。

B1.0.2　费用分摊包括固定资产投资分摊和年运行费分摊。

B1.0.3 为各功能服务的共用工程费用，应通过费用分摊，合理分出各功能应承担的费用。

B1.0.4 仅为某几项功能服务的工程设施，可先将功能视为一个整体，参与总费用分得的费用在这几项功能之间进行分摊。

B1.0.5 主要为某一特定功能服务，同时又是项目不可缺少的组成部分，对其他功能也有一定效用的工程设施，应计算其替代的共用工程费用各受益功能之间进行分摊，超过替代共用工程费用的部分由该特定功能承担。

B1.0.6 综合利用水利建设项目中专为某个功能服务的工程费用，应由该功能自身承担。

B1.0.7 因兴建本项目使某功能受到损害，采取补救措施恢复其原有效功能所需的费用，应由各受益功能共同承担。超过原有效功能而增加的工程费用由该功能承担。

B1.0.8 费用分摊方法主要有以下几种：

（1）按各功能利用建设项目的某些指标，如水量、库容等比例分摊。

（2）按各功能最优等效替代方案费用现值的比例分摊。

（3）按各功能可获得效益现值的比例分摊。

（4）按"可分离费用——剩余效益法"分摊。

（5）当项目各功能的主次关系明显，其主要功能可获得的效益占项目总效益的比例很大时，可由项目主要功能承担大部分费用。次要功能只承担其可分离费用或其专用工程费用。

B1.0.9 对特别重要的综合利用水利建设项目，可同时选用2~3种费用分摊方法进行计算，选取较合理的分摊成果。

B1.0.10 综合利用水利建设项目费用分摊，应从以下几方面进行合理性检查：

（1）各功能分摊的费用应小于该功能可获得的效益。

（2）各功能分摊的费用应小于专为该功能服务而兴建的工程设施的费用或小于其最优等效替代方案的费用。

（3）各功能分摊的费用应公平合理。